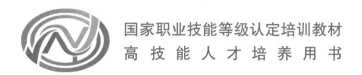

国家职业技能等级认定培训教材

高技能人才培养用书

制冷工（高级）

国家职业技能等级认定培训教材编审委员会　组编

主　　编　李援瑛

副主编　赵福仁

参　　编　齐长庆　刘总路

U0179252

机械工业出版社

本书是依据《国家职业技能标准　制冷工》对制冷工（高级）的知识要求和技能要求，按照岗位培训的需要编写的，主要内容包括：制冷技术基础、制冷系统操作与调整、制冷系统常见故障的处理、制冷系统维护与保养等。本书还配有多媒体资源，读者可通过封底"天工讲堂"刮刮卡获取。

　　本书可用作企业培训部门、职业技能等级认定培训机构的培训教材，也可作为技师学院、高级技工学校、各种短训班的教学用书。

图书在版编目（CIP）数据

制冷工：高级/李援瑛主编. —北京：机械工业出版社，2022.3
高技能人才培养用书　国家职业技能等级认定培训教材
ISBN 978-7-111-70176-7

Ⅰ.①制…　Ⅱ.①李…　Ⅲ.①制冷工程-职业技能-鉴定-教材
Ⅳ.①TB6

中国版本图书馆 CIP 数据核字（2022）第 027094 号

机械工业出版社（北京市百万庄大街 22 号　邮政编码 100037）
策划编辑：王振国　　　　　责任编辑：王振国　杨　璇
责任校对：潘　蕊　张　薇　责任印制：李　昂
北京联兴盛业印刷股份有限公司印刷
2022 年 4 月第 1 版第 1 次印刷
184mm×260mm·8 印张·192 千字
0001—3000 册
标准书号：ISBN 978-7-111-70176-7
定价：49.80 元

电话服务　　　　　　　　　网络服务
客服电话：010-88361066　　机　工　官　网：www.cmpbook.com
　　　　　010-88379833　　机　工　官　博：weibo.com/cmp1952
　　　　　010-68326294　　金　书　网：www.golden-book.com
封底无防伪标均为盗版　机工教育服务网：www.cmpedu.com

国家职业技能等级认定培训教材
编审委员会

序

新中国成立以来，技术工人队伍建设一直得到了党和政府的高度重视。20 世纪五六十年代，我们借鉴苏联经验建立了技能人才的"八级工"制，培养了一大批身怀绝技的"大师"与"大工匠"。"八级工"不仅待遇高，而且深受社会尊重，成为那个时代的骄傲，吸引与带动了一批批青年技能人才锲而不舍地钻研技术、攀登高峰。

进入新时期，高技能人才发展上升为兴企强国的国家战略。从 2003 年全国第一次人才工作会议，明确提出高技能人才是国家人才队伍的重要组成部分，到 2010 年颁布实施《国家中长期人才发展规划纲要（2010—2020 年）》，加快高技能人才队伍建设与发展成为举国的意志与战略之一。

习近平总书记强调，劳动者素质对一个国家、一个民族发展至关重要。技术工人队伍是支撑中国制造、中国创造的重要基础，对推动经济高质量发展具有重要作用。党的十八大以来，党中央、国务院健全技能人才培养、使用、评价、激励制度，大力发展技工教育，大规模开展职业技能培训，加快培养大批高素质劳动者和技术技能人才，使更多社会需要的技能人才、大国工匠不断涌现，推动形成了广大劳动者学习技能、报效国家的浓厚氛围。

2019 年国务院办公厅印发了《职业技能提升行动方案（2019—2021 年）》，目标任务是 2019 年至 2021 年，持续开展职业技能提升行动，提高培训针对性实效性，全面提升劳动者职业技能水平和就业创业能力。三年共开展各类补贴性职业技能培训 5000 万人次以上，其中 2019 年培训 1500 万人次以上；经过努力，到 2021 年底技能劳动者占就业人员总量的比例达到 25%以上，高技能人才占技能劳动者的比例达到 30%以上。

目前，我国技术工人（技能劳动者）已超过 2 亿人，其中高技能人才超过 5000 万人，在全面建成小康社会、战略性新兴产业不断发展的今天，建设高技能人才队伍的任务十分重要。

机械工业出版社一直致力于技能人才培训用书的出版，先后出版了一系列具有行业影响力，深受企业、读者欢迎的教材。欣闻配合新的《国家职业技能标准》又编写了"国家职业技能等级认定培训教材"。这套教材由全国各地技能培训和考评专家编写，具有权威性和代表性；将理论与技能有机结合，并紧紧围绕《国家职业技能标准》的知识要求和技能要求编写，实用性、针对性强，既有必备的理论知识和技能知识，又有考核鉴定的理论和技能题库及答案；而且这套教材根据需要为部分教材配备了二维码，读者扫描书中的二维码便可观看相应资源；这套教材还配合天工讲堂开设了在线课程、在线题库，配套齐全，编排科学，便于培训和检测。

这套教材的出版非常及时，为培养技能型人才做了一件大好事，我相信这套教材一定会为我国培养更多更好的高素质技术技能型人才做出贡献！

中华全国总工会副主席

高凤林

前　言

　　为方便读者学习制冷工（高级）职业技能等级认定的考核内容及相关知识，本书以各地多数职业技能等级认定部门都具有的活塞式制冷压缩机设备考核装置为讲述重点，系统地介绍了制冷技术基础、制冷系统操作与调整、制冷系统常见故障的处理、制冷系统维护与保养等内容。

　　为使读者通过本书能够学有所得、学有所获，本书的编写原则是：在讲透彻基本原理、基本结构及工作原理，讲清楚基本电路知识的基础上，重点放在与制冷工（高级）职业技能等级认定相关知识点的阐述上，使读者能读得懂、学得会，尽快掌握制冷工（高级）职业技能等级认定考核内容及相关知识。

　　为提高本书的实用性，编者在编写过程中依据多年的教学心得，力求基础扎实、可操作性强，读者在学习过程中犹如有教师在线一对一面授。另外，本书中所涉及的维修技术内容概括了制冷工（高级）职业技能等级认定考核内容及相关知识，非常适合读者自学制冷设备维修技术，更适合中等职业学校和制冷技术培训班作为培训教材用书。

　　本书由李援瑛担任主编，赵福仁担任副主编，参加编写的有齐长庆和刘总路。

　　由于编写水平有限，书中难免有不妥之处，恳请广大读者批评指正。

编　者

目　录

MU　LU

项目 1

制冷技术基础

1.1 电工基础知识

1.1.1 电流、电压和电阻

1. 电流

在电学中，电流是指电荷的定向移动。电源的电动势形成了电压，继而产生了电场力，在电场力的作用下，处于电场内的电荷发生定向移动，形成了电流。电流的符号为 I，是指单位时间内通过导体某一截面的电荷量，每秒通过 1 库仑（C）的电量称为 1 安培（A），简称"安"。电流的单位还有千安（kA）、安培（A）、毫安（mA）、微安（μA）等，其中：$1kA = 1000A$、$1A = 1000mA$、$1mA = 1000μA$。

2. 电压

电压也称为电势差或电位差，是衡量单位电荷在静电场中由于电势不同所产生的能量差的物理量，其大小等于单位正电荷因受电场力作用从一点移动到另一点所做的功。电压的方向规定为从高电位指向低电位。电压的国际单位为伏特（V），简称"伏"。常用的电压单位还有毫伏（mV）、微伏（μV）、千伏（kV）等，其中：$1kV = 1000V$、$1V = 1000mV$、$1mV = 1000μV$。1V 等于对 1C 的电荷做了 1J 的功，即 $1V = 1J/C$。

3. 电阻

导体对电流的阻碍作用就称为该导体的电阻。电阻是一个物理量，在物理学中表示导体对电流阻碍作用的大小。导体的电阻越大，表示导体对电流的阻碍作用越大。电阻在国际单位制中的单位有欧（Ω）、千欧（kΩ）、兆欧（MΩ）等，其中 $1MΩ = 1000kΩ$，$1kΩ = 1000Ω$。

1.1.2 电容和电感

1. 电容

（1）基本概念　电容是表征电容器容纳电荷本领的物理量。电容器从物理学上讲，是一种静态电荷存储介质。它的用途很广，是电子、电力领域中不可缺少的电子元件，主要用于电源滤波、信号滤波、信号耦合、谐振、补偿、充放电、储能和隔直流等电路中。

在国际单位制里，电容的单位是法拉，简称为法，符号是 F，常用的电容单位还有毫法（mF）、微法（μF）、纳法（nF）和皮法（pF）等。它们之间的换算关系是：1 法拉（F）= 1000 毫法（mF）= 1000000 微法（μF），1 微法（μF）= 1000 纳法（nF）= 1000000 皮法（pF）。

（2）电容器的作用　电容器具有"阻直流，通交流"的本领，在电路中的主要作用是旁路、去耦、滤波和储能等。

1）旁路。旁路电容器是为本地电路提供能量的储能元件。它能使稳压器的输出均匀化，降低负载需求。就像小型可充电电池一样，旁路电容器能够被充电，并向元器件进行放电。为尽量减少阻抗，旁路电容器要尽量靠近负载器件的供电电源引脚和接地引脚。这能够很好地防止输入值过大而导致地电位抬高和产生噪声。

2）去耦。去耦又称为解耦。从电路来说，总是可以区分为驱动源和被驱动负载。如果负载电容比较大，驱动电路要把电容器充电、放电，才能完成信号的跳变，在上升沿比较陡峭的时候，电流比较大，这样驱动的电流就会吸收很大的电源电流，由于电路中的电感、电阻（特别是芯片引脚上的电感）会产生反弹，这种电流相对于正常情况来说实际上就是一种噪声，会影响前级电路的正常工作，这就是所谓的"耦合"。去耦电容器就是起到一个"电池"的作用，满足驱动电路电流的变化，避免相互间的耦合干扰，在电路中进一步减小电源与参考地之间的高频干扰阻抗。

将旁路电容器和去耦电容器结合起来将更容易理解。旁路电容器实际上也是实现去耦的，只是旁路电容器一般是指高频旁路，也就是给高频的开关噪声提供一条低阻抗泄放途径。高频旁路电容器的容量一般比较小，根据谐振频率一般取 $0.1\mu F$、$0.01\mu F$ 等；而去耦电容器的容量一般较大，可能是 $10\mu F$ 或者更大，依据电路中分布参数以及驱动电流的变化大小来确定。旁路是把输入信号中的干扰作为滤除对象，而去耦是把输出信号的干扰作为滤除对象，防止干扰信号返回电源。这就是它们的本质区别。

3）滤波。从理论上说，电容越大，阻抗越小，通过的频率也越高。但实际上容量超过 $1\mu F$ 的电容器大多为电解电容器，有很大的电感成分，所以频率高后反而阻抗会增大。有时会看到有一个容量较大的电解电容器并联了一个小电容器，这时大电容器滤低频，小电容器滤高频。电容器的作用就是通交流隔直流，通高频阻低频。电容越大，高频越容易通过。具体用在滤波中，大电容器（$1000\mu F$）滤低频，小电容器（$20pF$）滤高频。由于电容器的两端电压不会突变，由此可知，信号频率越高则衰减越大，可很形象地说电容器像个水塘，不会因几滴水的加入或蒸发而引起水量的变化。它把电压的变动转化为电流的变化，频率越高，峰值电流就越大，从而缓冲了电压。滤波就是充电、放电的过程。

4）储能。储能型电容器通过整流器收集电荷，并将存储的能量通过变换器引线传送至电源的输出端。电压额定值为 DC 40~450V、电容值在 220~150000μF 的铝电解电容器是较为常用的。根据不同的电源要求，有时会采用串联、并联或其组合的形式。

（3）电容器的种类　电容器从原理上分为无极性可变电容器、无极性固定电容器、有极性电容器等；从材料上可以分为聚乙烯电容器、涤纶电容器、瓷片电容器、云母电容器、独石电容器、电解电容器和钽电容器等。

2. 电感

（1）基本概念　电感是闭合回路的一种属性，是一个物理量。当线圈通过电流后，在线圈中形成感应磁场，感应磁场又会产生感应电流来抵制通过线圈的电流。这种电流与线圈的相互作用关系称为电的感抗，也就是电感。它是描述由于线圈电流变化，在本线圈中或在另一线圈中引起感应电动势效应的电路参数。电感是自感和互感的总称。提供电感的元件称为电感器。

导线内通过交流电流时，在导线的内部及其周围产生交变磁通，导线的磁通量与产生此磁通的电流之比称为电感。在国际单位制里，电感的单位是亨利，简称为"亨"，符号是 H。常用的电感单位有亨（H）、毫亨（mH）、微亨（μH）。1H = 1000mH = 1000000μH。

　　当线圈中通过直流电流时，其周围只呈现固定的磁力线，不随时间而变化；当线圈中通过交流电流时，其周围将呈现出随时间而变化的磁力线。根据法拉第电磁感应定律来分析，变化的磁力线在线圈两端会产生感应电动势，此感应电动势相当于一个"新电源"。当形成闭合回路时，此感应电动势就要产生感应电流。由楞次定律知道，感应电流所产生的磁力线总是要力图阻止原来磁力线的变化。由于原来磁力线变化来源于外加交变电源的变化，故而从客观效果看，电感线圈有阻止交流电路中电流变化的特性。电感线圈有与力学中的惯性相类似的特性，在电学上取名为"自感应"，通常在拉开刀开关或接通刀开关的瞬间，会产生火花，这就是自感现象产生很高的感应电动势所造成的。

　　当电感线圈接到交流电源上时，线圈内部的磁力线将随电流的变化而时刻变化，致使线圈不断产生电磁感应。这种因线圈本身电流的变化而产生的电动势，称为"自感电动势"。电感量只是一个与线圈的圈数、大小形状和介质有关的参量。它是电感线圈惯性的量度而与外加电流无关。

　　（2）电感线圈与变压器　导线中有电流时，其周围即建立磁场。通常我们把导线绕成线圈，以增强线圈内部的磁场。电感线圈就是据此把导线（漆包线、纱包线或裸导线）一圈一圈（导线间彼此互相绝缘）地绕在绝缘管（绝缘体、铁心或磁心）上制成的。一般情况下，电感线圈只有一个绕组。

　　电感线圈中流过变化的电流时，不但在自身两端产生感应电动势，而且能使附近的线圈中产生感应电动势，这一现象称为互感。两个彼此不连接但又靠近，相互间存在电磁感应的线圈一般称为变压器。

　　（3）电感的分类

　　1）按电感形式分类。固定电感、可变电感。

　　2）按导磁体性质分类。空心线圈、铁氧体线圈、铁心线圈和铜心线圈。

　　3）按工作性质分类。天线线圈、振荡线圈、扼流线圈、陷波线圈和偏转线圈。

　　4）按绕线结构分类。单层线圈、多层线圈、蜂房式线圈。

　　5）按工作频率分类。高频线圈、低频线圈。

　　6）按结构特点分类。磁心线圈、可变电感线圈、色码电感线圈和无磁心线圈等。

　　（4）电感的作用　电感的基本作用是滤波、振荡、延迟、陷波等，通俗的说法是通直流阻交流。在电子电路中，电感线圈对交流有限流作用，其与电阻器或电容器能组成高通或低通滤波器、移相电路及谐振电路等；变压器可以进行交流耦合、变压、变流和阻抗变换等。

1.1.3　直流和交流电路

　　1. 直流电路

　　直流电路就是电流的方向不变的电路。直流电路的电流大小是可以改变的。大小和方向都不变的电流称为恒定电流。直流电流只会在电路闭合时流通，而在电路断开时完全停止流动。在电源外，正电荷经电阻从高电势处流向低电势处，在电源内，靠电源的非静电力的作用，克服静电力，再把正电荷从低电势处"搬运"到高电势处，如此循环，构成闭合的电流线。所以，在直流电路中，电源的作用是提供不随时间变化的恒定电动势，为在电阻上消耗的焦耳热补充能量。

（1）欧姆定律　由欧姆定律 $I = U/R$ 的推导式 $R = U/I$ 或 $U = IR$ 不能说导体的电阻与其两端的电压成正比，与通过其的电流成反比，因为导体的电阻是它本身的一种性质，取决于导体的长度、横截面积、材料、温度、湿度，即使它两端没有电压，没有电流通过，它的阻值依然存在。在欧姆定律里，电阻与电流、电压无关。并不是每一种元件都遵守欧姆定律。欧姆定律是经过多次实验而推断的法则，只有在理想状况下才会成立。凡是遵守欧姆定律的元件或电路都称为欧姆元件或欧姆电路。导体中的电流，跟导体两端的电压成正比，跟导体的电阻成反比（$I = U/R$）。

注意：欧姆定律适用于金属导电和电解液导电，在气体导电和半导体器件中欧姆定律不适用。

（2）电功率　焦耳定律是定量说明传导电流将电能转换为热能的定律。其具体内容是：电流通过导体产生的热量跟电流的二次方成正比，跟导体的电阻成正比，跟通电的时间成正比。

焦耳定律的数学表达式：$Q = I^2Rt$。

对于纯电阻电路可推导出：$Q = W = Pt$；$Q = UIt$；$Q = (U^2/R)\ t$。

电流所做的功跟电压、电流和通电时间成正比。电流所做的功称为电功。如果电压 U 的单位用伏特（V），电流 I 的单位用安培（A），时间 t 的单位用秒（s），电功 W 的单位用焦耳（J），那么计算电功的公式为

$$W = Pt = UIt = Uq\ （q\ 为电荷）$$

电流在某段电路上所做的功，等于这段电路两端的电压、电路中的电流和通电时间的乘积。

电功率是物理学名词，电流在单位时间内做的功称为电功率。它是用来表示消耗电能快慢的物理量，用 P 表示，其单位是瓦特，简称"瓦"，符号是 W。

作为表示电流做功快慢的物理量，一个用电器功率的大小数值上等于它在 1s 内所消耗的电能。如果在"t"（国际单位制单位为 s）这么长的时间内消耗电能"W"（国际单位制单位为 J），那么这个用电器的电功率就是 $P = W/t$。电功率等于导体两端电压与通过导体电流的乘积，即 $P = UI$。对于纯电阻电路，计算电功率还可以用公式：$P = I^2R$ 和 $P = U^2/R$。

每个用电器都有一个正常工作的电压值称为额定电压，用电器在额定电压下正常工作的功率称为额定功率，用电器在实际电压下工作的功率称为实际功率。

（3）串联电路　串联电路是将整个电路串在一起，包括用电器、导线、开关和电源。串联电路的特点如下。

1）电流只有一条通路。

2）开关控制整个电路的通断。

3）各用电器之间相互影响。

串联电路电流处处相等：$I_总 = I_1 = I_2 = I_3 = \cdots = I_n$。

串联电路总电压等于各处电压之和：$U_总 = U_1 + U_2 + U_3 + \cdots + U_n$。

串联电阻的等效电阻等于各电阻之和：$R_总 = R_1 + R_2 + R_3 + \cdots + R_n$。

串联电路总功率等于各功率之和：$P_总 = P_1 + P_2 + P_3 + \cdots + P_n$。

串联电路中，除电流处处相等外，其余各物理量之间均成正比，即 $R_1 : R_2 = U_1 : U_2 = P_1 : P_2 = W_1 : W_2 = Q_1 : Q_2$。

（4）并联电路　并联电路是指在电路中所有电阻（或其他电子元器件）的输入端和输出端分别被连接在一起。并联电路的特点如下：

1）电路有若干条通路。

2）干路开关控制所有的用电器，支路开关控制所在支路的用电器。

3）在并联电路中电压处处相等。

并联电路中各支路的电压都相等，并且等于电源电压：$U = U_1 = U_2 = \cdots = U_n$。

并联电路中的干路电流（或说总电流）等于各支路电流之和，即 $I = I_1 + I_2 + \cdots + I_n$。

（5）基尔霍夫定律

1）基本概念：

支路：每个元件就是一条支路；串联的元件可视为一条支路；流入支路的电流等于流出支路的电流。

节点：支路与支路的连接点；两条以上支路的连接点；广义节点（任意闭合面）。

回路：闭合的支路；闭合节点的集合。

网孔：其内部不包含任何支路的回路；网孔一定是回路，但回路不一定是网孔。

复杂电路：不能用电路串、并联的分析方法简化成一个单回路的电路，称为复杂电路。

2）基尔霍夫第一定律：第一定律又称为基尔霍夫电流定律，简记为 KCL，是电流的连续性在集总参数电路上的体现，其物理背景是电荷守恒定律。基尔霍夫电流定律是确定电路中任意节点处各支路电流之间关系的定律，因此又称为节点电流定律。它的内容为：在任一瞬时，流向某一节点的电流之和恒等于由该节点流出的电流之和，即

$$\sum I = 0$$

3）基尔霍夫第二定律：第二定律又称为基尔霍夫电压定律，简记为 KVL，是电场为位场时电位的单值性在集总参数电路上的体现，其物理背景是能量守恒定律。基尔霍夫电压定律是确定电路中任意回路内各电压之间关系的定律，因此又称为回路电压定律。它的内容为：在任一瞬间，沿电路中的任一回路绕行一周，在该回路上电动势之和恒等于各电阻上的电压降之和，其中，电动势 E 和 U 的方向是相反的，即

$$\sum U = 0$$

2. 单相正弦交流电路

（1）正弦量的三要素　单相正弦交流电的表达式为

$$u = U_m \sin (\omega t + \varphi_0) \ (V)$$
$$i = I_m \sin (\omega t + \varphi_0) \ (A)$$

正弦量随时间变化，对应每一时刻的数值称为瞬时值。正弦量的瞬时值表达形式一般为解析式或波形图。正弦量的最大值反映了正弦量振荡的正向最高点，也称为振幅。

正弦量的最大值和瞬时值都不能正确反映它的做功能力，因此引入有效值的概念。与一个交流电热效应相同的直流电的数值定义为这个交流电的有效值。正弦交流电的有效值与它的最大值之间具有确定的数量关系，即 $I_m = \sqrt{2} I$。

周期是指正弦量变化一个循环所需要的时间；频率是指正弦量 1s 内所变化的周数；角频率则是指正弦量 1s 经历的弧度数。周期、频率和角频率从不同的角度反映了同一个问题——正弦量随时间变化的快慢程度。

相位是正弦量随时间变化的电角度，是时间的函数；初相则是对应 $t=0$ 时刻的相位，初相确定了正弦计时开始的位置。

正弦量的最大值（或有效值）称为它的第一要素，第一要素反映了正弦量的做功能力；角频率（或频率、周期）为正弦量的第二要素，第二要素指出了正弦量随时间变化的快慢程度；初相是正弦量的第三要素，它确定了正弦量计时开始的位置。

一个正弦量，只要明确了它的三要素，则这个正弦量就是唯一确定的。因此，表达一个正弦量时，也只需表达出其三要素即可。解析式和波形图都能很好地表达正弦量的三要素，因此它们是正弦量的表达方法。

（2）相位差　相位差是指两个同频率正弦量之间的相位之差，由于同频率正弦量之间的相位之差实际上就等于它们的初相之差，因此相位差就是两个同频率正弦量的初相之差。需要注意的是，不同频率的正弦量之间没有相位差的概念。

相位差的概念中涉及超前、滞后、同相、反相、正交等术语，在超前、滞后的概念中相位差不得超过 ±180°。同相即两个同频率的正弦量初相相同；反相表示两个同频率的正弦量相位相差 180°，180°在解析式中相当于等号后面的负号；正交表示两个同频率正弦量之间的相位差是 90°。

（3）单一参数的正弦交流电路

1）电阻。从电压、电流瞬时值关系来看，电阻上有 $i=\dfrac{u}{R}$，具有欧姆定律的即时对应关系，因此，电阻称为即时电路元件。从能量关系上看，电阻上的电压、电流在相位上具有同相关系，同相关系的电压、电流在元件上产生有功功率（平均功率）P。由于电阻的瞬时功率在一个周期内的平均值总是大于或等于零，说明电阻只向电路吸取能量，从能量的观点可得出电阻是耗能元件。

2）电感和电容。电感上电压、电流的瞬时值关系式为 $u_L=L\dfrac{\Delta i}{\Delta t}$；电容上的电压、电流的瞬时值关系式为 $i_C=C\dfrac{\Delta u_C}{\Delta t}$，显然均为动态关系。因此，从电压、电流瞬时值关系式来看，电感和电容属于动态元件。

无论是电感还是电容，它们的瞬时功率在一个周期内的平均值为零，说明这两种理想电路元件是不耗能的，但它们始终与电源之间进行着能量交换，我们把这种只交换不消耗的能量称为无功功率。由于电感和电容只向电源吸取无功功率，即它们只进行能量的吞吐而不耗能，我们把它们称为储能元件。

储能元件上的电压、电流关系为正交关系，换句话说，正交的电压和电流构成无功功率。另外，电感的磁场能量和电容的电场能量之间在同一电路中可以相互补偿。所谓补偿，就是当电容充电时，电感恰好释放磁场能，电容放电时，电感恰好吸收磁场能。因此两个元件之间的能量可以直接交换而不从电源吸取，即电感和电容元件具有对偶关系。

1.2　机械常识

1.2.1　机械图基础知识

1. 图纸幅面、标题栏和明细栏

1）绘制图样时，应优先采用表 1-1 中规定的图纸幅面。

2）图样应画有图框，其格式如图 1-1~图 1-4 所示。图 1-1 和图 1-2 所示为留有装订边的图框格式，图 1-3 和图 1-4 所示为不留装订边的图框格式。在图样上必须用粗实线画出图框。

表 1-1　图纸尺寸及代号　　　　　　　　　　（单位：mm）

幅面代号	A0	A1	A2	A3	A4
宽 B×长 L	841×1189	594×841	420×594	297×420	210×297
装订侧边宽 a	25				
留装订边的边宽 c	10			5	
不留装订边的边宽 e	20		40		

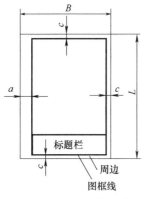

图 1-1　留有装订边的图框格式（Y 型）

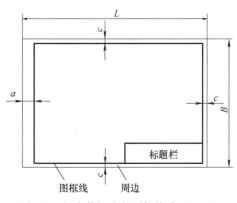

图 1-2　留有装订边的图框格式（X 型）

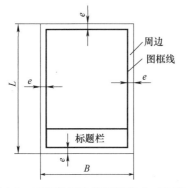

图 1-3　不留装订边的图框格式（Y 型）

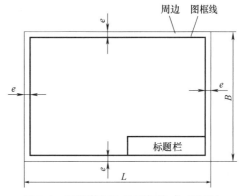

图 1-4　不留装订边的图框格式（X 型）

3）为了绘制的图样便于查阅和管理，每张图样上都必须有标题栏。标题栏应位于图框的右下角，看图方向应与标题栏方向一致。标题栏一般由更改区、签字区、名称及代号区、其他区组成，也可按实际需要增加或减少。

4）在装配图中一般应有明细栏，其一般配置在装配图中标题栏的上方，按由下而上的顺序填写。明细栏一般由序号、代号、名称、数量、材料、重量（单件、总计）、分区和备注等组成，也可按实际需要增加或减少。

2. 比例

1）绘制图样时所采用的比例为图样中机件要素的线性尺寸与实际机件相应要素的线性尺寸之比，即图形的大小与机件的实际大小之比。

2）绘制图样一般采用表 1-2 中规定的比例。

表 1-2　比例系列

原值比例	$1:1$
缩小比例	$1:1.5$　$1:2$　$1:2.5$　$1:3$　$1:4$　$1:5$　$1:6$　$1:10^n$ $1:1.5\times10^n$　$1:2\times10^n$　$1:2.5\times10^n$　$1:3\times10^n$　$1:4\times10^n$　$1:5\times10^n$　$1:6\times10^n$
放大比例	$2:1$　$2.5:1$　$4:1$　$5:1$　$10^n:1$　$2\times10^n:1$　$2.5\times10^n:1$　$4\times10^n:1$　$5\times10^n:1$

注：n 为正整数。

3）注意事项：

① 绘制同一机件的各个视图时应采用相同的比例，并在标题栏的比例一栏中填写。当某个视图需要采用不同的比例时，必须另行标注。

② 当图样中孔的直径或板的厚度小于或等于 2mm 以及斜度和锥度较小时，可不按比例而夸大画出。

③ 画图时比例不可以随意确定，应按照表 1-2 选取，尽量采用 1：1 的比例画图。

④ 图样不论放大或缩小，图样上标注的尺寸均为机件的实际大小，而与采用的比例无关。

3. 字体

1）图样中书写的字体应做到：字体端正、笔画清楚、排列整齐、间隔均匀。汉字应用长仿宋体书写。

2）字体高度的公称尺寸系列为 20mm、14mm、10mm、7mm、5mm、3.5mm、2.5mm、1.8mm。

3）用作指数、分数、极限偏差、注脚等的数字及字母，一般采用小一号字体。

4. 图线

1）各种图线的名称、型式、宽度和一般应用见表 1-3。

2）图线宽度：图线分为粗、细两种。粗线的宽度 b 应按图样的大小和复杂程度，在 0.25～2mm 之间选择（一般取 0.7mm），细线的宽度约为 $b/2$。图线宽度的推荐系列为 0.25mm、0.35mm、0.5mm、0.7mm、1mm、1.4mm、2mm。

3）图线画法：同一图样中同类图线的宽度应基本一致。虚线、点画线及双点画线的线段长度和间隔应相等。两条平行线（包括剖面线）之间的距离应不小于粗实线的两倍宽度，其最小距离不得小于 0.7mm。绘制圆的对称中心线时，圆心应为线段的交点。点画线和双点画线的首末两端应是线段而不是短画，且超出图形轮廓线 2～5mm。在较小的图形上绘制点画线或双点画线有困难时，可用细实线代替。

表1-3 各种图线的名称、形式、宽度和一般应用

图线名称	线 型	图线宽度	一般应用
粗实线	——————	b	可见轮廓线 可见接边线
细实线	————————	约 $b/2$	尺寸线及尺寸界线 剖面线 重合断面的轮廓线 螺纹的牙底线和齿轮的齿根线 引出线 分界线及范围线 弯折线 辅助线 不连续同一表面的连线 呈规律分布的相同要素的连线
波浪线	∿∿∿∿∿	约 $b/2$	断裂处的边界线 视图和剖视图的分界线
双折线	—/\—/\—	约 $b/2$	断裂处的边界线
细虚线	– – – – – –	约 $b/2$	不可见轮廓线 不可见棱边线
细点画线	— · — · —	约 $b/2$	轴线 对称中心线 节圆及节线
粗点画线	——— · ———	b	限定范围表示线
细双点画线	— ·· — ·· —	约 $b/2$	相邻辅助零件的轮廓线 极限位置的轮廓线 毛坯图中制成品的轮廓线 工艺用结构的轮廓线 中断线

5. 剖面符号

1）在剖视图中，应采用表1-4中规定的剖面符号。

表1-4 剖面符号

材 料 名 称	图 示	材 料 名 称	图 示
金属材料（已有规定剖面符号者除外）		木质胶合板（不分层数）	
线圈、绕组元件		基础周围的泥土	
转子、电枢、变压器和电抗器等的叠钢片		混凝土	

（续）

材料名称	图　示	材料名称	图　示
非金属材料（已有规定剖面符号者除外）		钢筋混凝土	
型砂、填砂、粉末冶金、砂轮、陶瓷刀片、硬质合金刀片等		砖	

注：剖面符号仅表示材料的类别，材料的名称和代号必须另行注明。

2）剖面符号的画法：

① 在同一金属零件的零件图中，剖视图的剖面线应画成间隔相等、方向相同而且与水平成45°角的平行线，如图 1-5 所示。当图形中的主要轮廓线与水平成45°角时，该图形的剖面线应画成与水平成30°或60°角的平行线，其倾斜的方向仍与其他图形的剖面线一致，如图 1-6 所示。

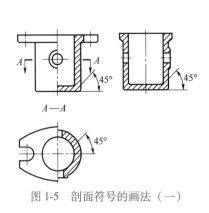

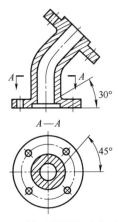

图 1-5　剖面符号的画法（一）　　　　　　图 1-6　剖面符号的画法（二）

② 当被剖部分的图形面积较大时，可以只沿轮廓的周边画出剖面符号，如图 1-7 所示。

③ 如果仅需画出剖视图中的一部分图形，其边界又不画波浪线，则应将剖面线绘制整齐，如图 1-8 所示。

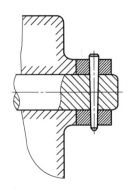

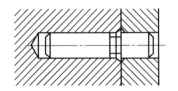

图 1-7　剖面符号的画法（三）　　　　　图 1-8　剖面符号的画法（四）

④ 在装配图中，相互邻接的金属零件的剖面线，其倾斜方向应相反，或方向一致而间隔

不等（图1-7和图1-8）。同一装配图中的同一零件的剖面线应方向相同、间隔相等。除金属零件外，当各邻接零件的剖面符号相同时，应采用疏密不同的方法以示区别。

⑤ 在装配图中，宽度小于或等于2mm的狭小区域的剖面，可用涂黑代替剖面符号。如果是玻璃或其他材料不宜涂墨时，可不画剖面符号。当两邻接剖面均涂黑时，两剖面之间应留出不小于0.7mm的空隙。

6. 图样表达

绘制机械图样时，首先考虑看图方便。根据机件的结构特点，选用适当的表达方法。在完整清晰地表达机件各部分形状的前提下，力求制图简便。机件的图形按正投影法绘制，即投射线垂直于投影面。

（1）视图 视图是指向投影面投射所得的图形。一般只画机件的可见部分。

1）基本视图：基本视图是指向基本投影面投射所得的视图。基本投影面规定为正六面体的6个面。各投影面的展开方法如图1-9所示。

基本视图名称及其投射方向的规定为：主视图——由前向后投射所得的视图；俯视图——由上向下投射所得的视图；左视图——由左向右投射所得的视图；右视图——由右向左投射所得的视图；仰视图——由下向上投射所得的视图；后视图——由后向前投射所得的视图。

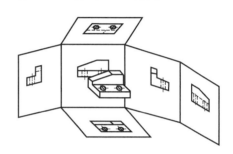

图1-9 各投影面的展开方法

基本视图的配置关系如图1-10所示。

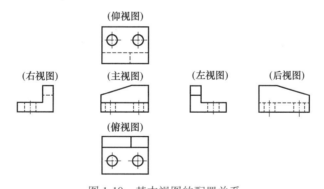

图1-10 基本视图的配置关系

在同一张图纸内按基本视图配置视图时，一律不标注视图的名称。如果不能按基本视图配置视图，应在视图的上方标出视图的名称"×"（"×"为大写的拉丁字母），在相应的视图附近用箭头指明投射方向，并注上同样的字母，如图1-11所示。

2）斜视图：斜视图是指机件向不平行于任何基本投影面的平面投射所得的视图。画斜视图时，必须在视图的上方标出视图的名称"×"，在相应的视图附近用箭头指明投射方向，并注上同样的字母，如图1-12所示。

3）局部视图：局部视图是指将机件的某一部分向基本投影面投射所得的视图。画局部视图时，一般在局部视图上方标出视图的名称"×"，在相应的视图附近用箭头指明投射方向，并注上同样的字母，如图 1-13 所示。当局部视图按投影关系配置，中间又没有其他图形隔开时，可省略标注。

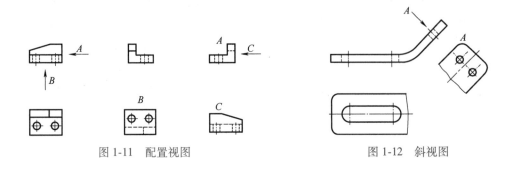

图 1-11　配置视图　　　　　　　　　　　　图 1-12　斜视图

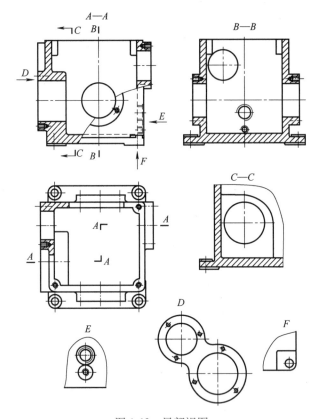

图 1-13　局部视图

4）旋转视图：旋转视图是指假想将机件的倾斜部分旋转到与某一选定的基本投射面平行后再向该投影面投射所得的视图。

（2）剖视图　剖视图是指假想用剖切面剖开机件，将处在观察者和剖切面之间的部分移去，而将其余部分向投影面投射所得的图形，如图 1-13 所示。

1）全剖视图：全剖视图是指用剖切平面完全地剖开机件所得的剖视图，如图 1-13 所示。

2）半剖视图：半剖视图是当机件具有对称平面时，在垂直于对称平面的投影面上投射所得的图形，可以对称中心线为界，一半画成剖视图，另一半画成视图。机件的形状接近于对称，且不对称部分已另有图形表达清楚时，也可以画成半剖视图。

3）局部剖视图：局部剖视图是指用剖切平面局部地剖开机件所得的剖视图。局部剖视图用波浪线分界，波浪线不应和图样上其他图线重合。当被剖结构为回转体时，允许将该结构的中心线作为局部剖视图与视图的分界线，如图 1-14 所示。

（3）断面图　断面图是假想用剖切平面将机件的某处切断，仅画出断面的图形，如图 1-15 所示。

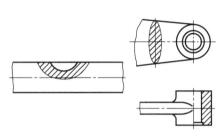

图 1-14　局部剖视图

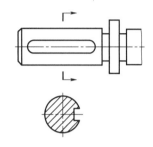

图 1-15　断面图

（4）局部放大图　局部放大图是将机件的部分结构，用大于原图形所采用的比例画出的图形。局部放大图可画成视图、剖视图、断面图，其与被放大部分的表达方式无关。

7. 尺寸注法

在图样中，图形只能表示物体的形状，不能确定它的大小，因此，图样中必须标注尺寸来确定其大小。

（1）基本规则

1）机件的真实大小应以图样上所注的尺寸数值为依据，与图形的大小及绘图的准确度无关。

2）图样中（包括技术要求和其他说明）的尺寸，以 mm 为单位时，不需标注单位符号（或名称），如采用其他单位，则必须注明相应的单位符号。

3）图样中所标注的尺寸，为该图样所示机件的最后完工尺寸，否则应另加说明。

4）机件的每一尺寸，一般只标注一次，并应标注在反映该结构最清晰的图形上。

（2）尺寸数字

1）线性尺寸的数字一般应注写在尺寸线的上方，也允许注写在尺寸线的中断处，如图 1-16 所示。

2）线性尺寸数字的方向，一般应采用方法 1 注写。在不致引起误解时，也允许采用方法 2。但在一张图样中，应尽可能采用一种方法。

方法 1：数字应按图 1-17 所示的方向注写，并尽可能避免在图示 30°范围内标注尺寸，当无法避免时可按图 1-18 所示的形式标注。

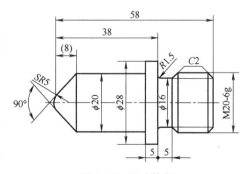

图 1-16　尺寸数字

方法 2：对于非水平方向的尺寸，其数字可水平地注写在尺寸线的中断处（图 1-19 和图 1-20）。

14

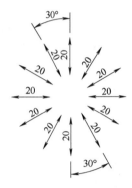

图 1-17　尺寸数字的注写方向

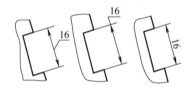

图 1-18　向左倾斜 30°范围内的尺寸数字的注写

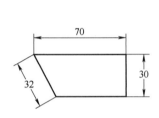

图 1-19　非水平方向尺寸标法（一）

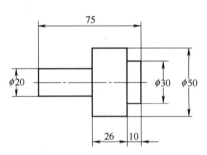

图 1-20　非水平方向尺寸标法（二）

3）角度的数字一律写成水平方向，一般注写在尺寸线的中断处，如图 1-21a 所示。必要时也可按图 1-21b 所示的形式标注在尺寸线的上方或外侧，角度较小时也可用指引线引出标注。注意角度尺寸必须注出单位。

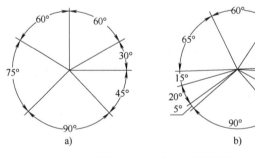

图 1-21　角度数字的注写

4）尺寸数字不可被任何图线所通过，否则必须将该图线断开。

（3）尺寸线

1）尺寸线用细实线绘制，其终端用箭头的形式表示。在位置不够的情况下，允许用圆点或斜线代替箭头。

2）标注线性尺寸时，尺寸线必须与所标注的线段平行。尺寸线不能用其他图线代替，一般也不得与其他图线重合或画在其延长线上。

3）圆的直径和圆弧半径尺寸线的终端应画成箭头，按图 1-22 所示的形式标注。

4）标注角度时，尺寸线应画成圆弧，其圆心是该角的顶点。

5）当对称机件的图形只画出一半或略大于一半时，尺寸线应略超过对称中心线或断裂处的边界线，此时仅在尺寸线的一端画出箭头，如图 1-23 所示。

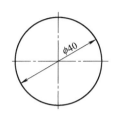 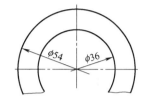

图 1-22　圆直径的标注

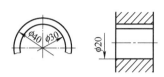

图 1-23　对称机件的注法

6）在没有足够的位置画箭头或注写数字时，此时允许箭头用圆点或斜线代替，尺寸数字写在尺寸界线的外侧或引出标注。

（4）尺寸界线

1）尺寸界线用细实线绘制，并应由图形的轮廓线、轴线或对称中心线处引出。也可利用轮廓线、轴线或对称中心线作为尺寸界线。

2）尺寸界线一般应与尺寸线垂直，必要时才允许倾斜。

3）在光滑过渡处标注尺寸时，必须用细实线将轮廓线延长，从它们的交点处引出尺寸界线。

4）标注角度的尺寸界线应沿径向引出；标注弦长的尺寸界线应平行于该弦的垂直平分线；标注弧长的尺寸界线应平行于该弧所对圆心角的角平分线，但当弧度较大时，可沿径向引出，如图 1-24 所示。

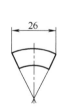 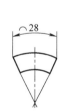 

图 1-24　角度尺寸界线的注法

8. 螺纹画法

螺纹的牙顶用粗实线表示，牙底用细实线表示，在螺杆的倒角或倒圆部分也应画出。在垂直于螺纹轴线的投影面的视图中，表示牙底的细实线圆只画约 3/4 圈，此时轴或孔上的倒角省略不画，如图 1-25 和图 1-26 所示。在垂直于螺纹轴线的投影面的视图中，需要表示部分螺纹时，螺纹的牙底线也应适当地空出一段距离。

1）有效螺纹的终止界线（简称为螺纹终止线）用粗实线表示。

2）当需要表示螺纹收尾时，螺尾部分的牙底用与轴线成 30° 的细实线绘制。

3）不可见螺纹的所有图线按虚线绘制。

4）无论是外螺纹还是内螺纹，在剖视图中剖面线都必须画到粗实线。

5）绘制不穿通的螺孔时，一般应将钻孔深度与螺纹部分的深度分别画出。

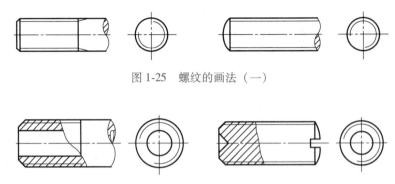

图 1-25   螺纹的画法（一）

图 1-26   螺纹的画法（二）

6）以剖视图表示内外螺纹的连接时，其旋合部分应按外螺纹的画法绘制，其余部分仍按各自的画法表示（图 1-27）。

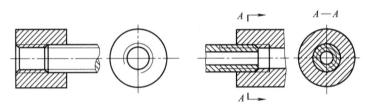

图 1-27   内外螺纹连接画法

1.2.2   极限与配合

1. 基本术语以及定义

现行国家标准《极限与配合》的基本内容包括极限与配合、测量与检验两部分。极限与配合部分包括公差制和配合制，是对工件极限偏差的规定；测量与检验部分包括检验制与量规制，作为极限与配合的技术保证。两部分合起来形成一个完整的公差制体系。

（1）孔和轴

1）孔。孔通常是指工件的圆柱形内表面，也包括非圆柱形内表面（由两平行平面或切面形成的包容面）。

2）轴。轴通常是指工件的圆柱形外表面，也包括非圆柱形外表面（由两平行平面或切面形成的被包容面）。

（2）尺寸   用特定单位表示线性尺寸值的数值。

1）公称尺寸。公称尺寸是设计给定的尺寸。公称尺寸是设计零件时根据使用要求，通过刚度、强度计算或结构等方面的考虑，并按标准直径或标准长度圆整后所给定的尺寸。它是计算极限尺寸和极限偏差的起始尺寸。

2）实际尺寸。实际尺寸是通过测量获得的尺寸。由于存在测量误差，实际尺寸也并非被测尺寸的真实值。

3）极限尺寸。极限尺寸是指允许尺寸变化的两个极限值。较大的极限尺寸称为上极限尺寸，较小的极限尺寸称为下极限尺寸。

（3）偏差与公差

1）偏差。某一个尺寸减其公称尺寸所得的代数差，称为偏差。上极限尺寸减其公称尺寸的代数差称为上极限偏差。下极限尺寸减其公称尺寸的代数差称为下极限偏差。上极限偏差和下极限偏差统称为极限偏差。极限偏差可以为正值、负值或零。

2）公差。允许尺寸的变动量，称为公差。公差等于上极限尺寸与下极限尺寸的代数差的绝对值。

（4）配合 配合是指公称尺寸相同的，相互结合的孔和轴公差带之间的关系。国家标准对配合规定有两种基准制，即基孔制与基轴制。

配合的类别有间隙配合、过渡配合、过盈配合。

在孔与轴配合中，孔的尺寸减去相配合轴的尺寸，其差值为正时是间隙配合。

在孔与轴配合中，孔的尺寸减去相配合轴的尺寸，其差值为负时是过盈配合。

（5）公差带的标准化

1）公差带的标准化是指公差带大小和公差带位置的标准化，这是《极限与配合》标准的核心内容。标准公差 IT（IT01、IT0、IT1、…、IT18）是指国家标准极限与配合制中用以确定公差带大小的任一公差。由标准公差数值表可以看出标准公差等级和公称尺寸分段。

2）基本偏差系列。基本偏差代号用拉丁字母表示。大写字母表示孔，小写字母表示轴。

（6）未注公差的线性尺寸 未注公差的尺寸即通常所说的自由尺寸，图样上通常都不标出它们的极限偏差数值，但是并不是说对这类尺寸没有任何要求，只能说明它比一般配合尺寸的要求要低。

一般公差分为精密 f、中等 m、粗糙 c、最粗 v 共 4 个公差等级。按未注公差的线性尺寸和角度尺寸分别给出了各公差等级的极限偏差数值。

表1-5 给出了线性尺寸的极限偏差数值；表1-6 给出了倒圆半径和倒角高度尺寸的极限偏差数值。

表1-5 线性尺寸的极限偏差数值 （单位：mm）

公差等级	公称尺寸分段							
	0.5~3	>3~6	>6~30	>30~120	>120~400	>400~1000	>1000~2000	>2000~4000
精密 f	±0.05	±0.05	±0.1	±0.15	±0.2	±0.3	±0.5	—
中等 m	±0.1	±0.1	±0.2	±0.3	±0.5	±0.8	±1.2	±2
粗糙 c	±0.2	±0.3	±0.5	±0.8	±1.2	±2	±3	±4
最粗 v	—	±0.5	±1	±1.5	±2.5	±4	±6	±8

表1-6 倒圆半径和倒角高度尺寸的极限偏差数值 （单位：mm）

公差等级	公称尺寸分段			
	0.5~3	>3~6	>6~30	>30
精密 f	±0.2	±0.5	±1	±2
中等 m				
粗糙 c	±0.4	±1	±2	±4
最粗 v				

注：倒圆半径和倒角高度的含义参见 GB/T 6403.4。

表 1-7 给出了角度尺寸的极限偏差数值，其值按角度短边长度确定，对圆锥角按圆锥素线长度确定。

表 1-7 角度尺寸的极限偏差数值

公差等级	长度分段/mm				
	≤10	>10~50	>50~120	>120~400	>400
精密 f	±1°	±30′	±20′	±10′	±5′
中等 m					
粗糙 c	±1°30′	±1°	±30′	±15′	±10′
最粗 v	±3°	±2°	±1°	±30′	±20′

（7）极限与配合的选择 在产品设计时，选用极限与配合是必不可少的重要环节，也是确保产品质量、性能、互换性和经济效益的一项极其重要的工作。选用时主要解决三个问题，即确定基准制、公差等级和配合种类。

1）基准制的选用。基准制包括基孔制配合和基轴制配合两种，一般情况下，优先选用基孔制配合

2）公差等级的选用。公差等级的选用是一项重要的，同时又是比较困难的工作，因为公差等级的高低直接影响产品使用性能和加工的经济性。所以选用的原则是在满足零件使用要求的前提下，尽量选择较低的公差等级。

3）配合种类的选用。配合种类的选用主要取决于使用要求，并且同时规定了基孔制配合和基轴制配合的优先配合。

2. 几何公差

在零件加工过程中，由于工件、刀具和机床的变形，相对运动关系不准确，各种频率的振动以及定位不准确等原因，不仅会使工件产生尺寸误差，还会使几何要素的实际形状和位置相对于理想形状和位置发生差异，这就是几何公差。

（1）几何公差相关标准 几何公差相关标准有：GB/T 1182—2018《产品几何技术规范（GPS） 几何公差 形状、方向、位置和跳动公差标注》、GB/T 1184—1996《形状和位置公差 未注公差值》、GB/T 4249—2018《产品几何技术规范（GPS） 基础概念、原则和规则》、GB/T 16671—2018《产品几何技术规范（GPS） 最大实体要求（MMR）、最小实体要求（LMR）和可逆要求（RPR）》和 GB/T 13319—2020《产品几何技术规范（GPS） 几何公差 成组（要素）与组合几何规范》。

（2）几何公差的基本内容

1）几何公差的几何特征及其符号见表 1-8。

表 1-8 几何公差的几何特征及其符号

公差类型	几何特征	符　号	有无基准
形状公差	直线度	—	无
	平面度	▱	无
	圆度	○	无
	圆柱度	⌭	无

（续）

公差类型	几何特征	符　号	有无基准
形状、方向或位置公差	线轮廓度	⌒	有或无
	面轮廓度	⌓	有或无
方向公差	平行度	∥	有
	垂直度	⊥	有
	倾斜度	∠	有
位置公差	位置度	⊕	有或无
	同轴（同心）度	◎	有
	对称度	⯊	有
跳动公差	圆跳动	╱	有
	全跳动	⌿	有

2）被测要素、基准要素的标注要求及其他附加符号见表 1-9。

表 1-9　被测要素、基准要素的标注要求及其他附加符号

说　明	符　号
被测要素的标注	
基准要素的标注	$\boxed{A}$
基准目标的标注	$\dfrac{\phi 2}{A1}$
理论正确尺寸	50
包容要求	Ⓔ
最大实体要求	Ⓜ
最小实体要求	Ⓛ
可逆要求	Ⓡ

（续）

说　明	符　号
延伸公差带	Ⓟ
自由状态条件（非刚性零件）	Ⓕ
全周（轮廓）	⌀

3. 公差原则

图样上对零件要素给出的尺寸公差和几何公差，它们之间存在着一定的相互关系，处理尺寸公差和几何公差关系的原则称为公差原则。

（1）独立原则　独立原则是指图样上给出的各项尺寸公差和几何公差，如果不规定特有的相互关系，则彼此无关而分别满足各自的要求。如果对尺寸与形状、尺寸与位置之间的相互关系有特定要求，应在图样上规定。

独立原则是图样上公差标注的基本原则。凡是对给出的尺寸公差和几何公差未用特定的有关符号如Ⓔ、Ⓜ、Ⓛ、ⓂⓇ、ⓁⓇ或文字说明来规定它们之间的关系，就表示它们遵守独立原则。独立原则既适用于单独注出的公差，又适用于未注公差，而且未注公差总是遵守独立原则的。

（2）相关要求　尺寸公差和几何公差相关可以通过包容要求、最大实体要求、最小实体要求和可逆要求来表达，它们是确定尺寸公差与几何公差关系的另一种公差原则，统称为相关要求。因此，相关要求是指尺寸公差与几何公差相互有关的公差要求。

1）包容要求：包容要求是指实际要素应遵守其最大实体边界，其局部实际尺寸应不超出最小实体尺寸。采用包容要求时，应在尺寸的极限偏差或公差带代号之后加注符号Ⓔ。

2）最大实体要求：最大实体要求是指被测实际要素应遵守其最大实体实效边界，如给定基准，其基准实际要素应遵守相应最大实体边界或最大实体实效边界；当局部实体尺寸从最大实体尺寸向最小实体尺寸方向偏离时，允许被测要素的几何公差增大，即超出在最大实体状态下给出的公差值。

最大实体要求适用于中心要素（轴线或中心平面）。它考虑尺寸公差和有关几何公差的相互关系。当应用于被测要素时，应在几何公差框格中的公差值后加注符号Ⓜ；当应用于基准要素时，应在几何公差框格中的基准字母后加注符号Ⓜ。

3）最小实体要求：最小实体要求是指被测实际要素应遵守其最小实体实效边界。最小实体要求适用于中心要素（轴线或中心平面）。它考虑尺寸公差和有关几何公差的相互关系。当应用于被测要素时，应在几何公差框格中的公差值后加注符号Ⓛ；当应用于基准要素时，应在几何公差框格中的基准字母后加注符号Ⓛ。

4）可逆要求：可逆要求是指在不影响零件功能的前提下，当被测轴线或中心平面的几何误差值小于给出的几何公差值时，允许相应的尺寸公差增大。它通常与最大实体要求或最小实体要求一起应用。使用在最大实体状态（MMC）下的零几何公差或在最小实体状态（LMC）下的零几何公差也可表达相同的设计意图。

可逆要求用于最大实体要求时，应在被测要素的几何公差框格的公差值后标注双重符号 Ⓜ Ⓡ。

可逆要求用于最小实体要求时，应在被测要素的几何公差框格的公差值后标注双重符号 Ⓛ Ⓡ。

4. 标注几何公差应注意的问题

（1）几何公差值的给定

1）平行度公差值应小于相应的尺寸公差值。

2）圆柱形零件的形状公差值（轴线的直线度公差值除外）应小于其尺寸公差值的1/2。

3）同一要素的单项形状公差值应小于综合形状公差值。

4）同一要素的形状公差值应小于位置公差值。

5）对同一要素提出的方向公差值应小于位置公差值。

6）同一要素的形状公差、位置公差值应小于跳动公差值。

7）圆跳动公差值应小于全跳动公差值。

（2）关于几何公差的免标、图样标注及应用文字说明

1）应免标的情况：对无特殊功能要求的要素，或要求的几何公差值相对于本企业加工水平属一般水平，即用一般设备、普通工艺加工将能得到保证的，不必标出。不必标出的几何公差值称为"几何公差未注公差值"。

2）应在图样上标注的情况：凡对几何公差有较高要求，不标不足以引起重视而设法予以保证，均应根据零件功能要求，并在考虑上述应注意问题的基础上给定合适的几何公差值，然后在图样上标注出来。

3）应用文字说明的情况：对需标注的几何公差值原则上应在图样上用几何公差框格的形式进行标注。仅在受空间限制或无法用几何公差框格进行标注时，才能允许在技术要求中用文字说明。

1.2.3　机械传动知识

1. 基本概念

通常，将机器中动力部分的动力和运动按预定的要求传递到工作部分的中间环节，称为传动。传动有机械传动、液压传动、气压传动和电传动等方式。

（1）机械传动　机械传动是利用带轮、齿轮、链轮、轴、蜗杆与蜗轮、螺母与螺杆等机械零件作为介质来进行功率和运动的传递，即采用带传动、链传动、齿轮传动、蜗杆传动和螺旋传动等装置来进行功率和运动的传递。

（2）液压传动　液压传动是采用液压元件，利用处于密封容积内的液体（油或水）作为工作介质，以其压力进行功率和运动的传递。

（3）气压传动　气压传动是采用气动元件，利用压缩空气作为工作介质，进行运动和功率的传递。

（4）电传动　电传动是采用电力设备和电气元件，利用调整其电参数来实现运动或改变

运动速度。

2. 带传动

（1）带传动的工作原理　带传动是一种应用很广泛的机械传动装置。它是利用传动带作为中间的挠性件，依靠传动带与带轮之间的摩擦力来传递运动和动力。

如图1-28所示，带传动由主动轮1、从动轮2和传动带3组成。

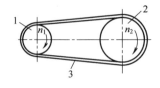

图1-28　带传动的工作原理
1—主动轮　2—从动轮　3—传动带

当主动轮回转时，在摩擦力的作用下，带动传动带运动，而传动带又带动从动轮回转，这样就把主动轴的运动和动力传递给从动轴。

（2）带传动的形式　在实际使用中，由于使用场合和转动方向不同，会有不同的传动形式。根据两轴在空间的相互位置和转动方向的不同，带传动主要有开口传动、交叉传动和半交叉传动三种传动形式。

1）开口传动。开口传动用于两轴平行且转动方向相同的场合。两轴保持平行，两带轮的中间平面应重合。开口传动的性能较好，可以传递较大的功率。

2）交叉传动。交叉传动也用于两轴平行且转动方向相反的场合。由于交叉处传动带有摩擦和扭转，因此传动带的寿命和载荷容量都较低，允许的工作速度也较小，线速度一般在11m/s以下。交叉传动不宜用于传递大功率，载荷容量不应超过开口传动的70%～80%，传动比可达6。为了减少磨损，轴间距离不应小于20倍的带轮宽度。

3）半交叉传动。半交叉传动用于空间两交叉轴之间的传动，交角通常为90°。传动带在进入主动轮和从动轮时，方向必须对准该轮的中间平面，否则，传动带会从带轮上掉下来。半交叉传动的线速度一般不宜超过11m/s，传动比一般不超过3，载荷容量为开口传动的70%～80%，并且只能单向传动，不能逆转。

3. 链传动

（1）链传动的工作原理　链传动是以链条作为中间挠性传动件，通过链条与链轮的不断啮合和脱开而传递运动和动力的。它属于啮合传动。如图1-29所示，链传动由主动链轮1、链条2和从动链轮3组成。当主动链轮转动时，通过链条与链轮之间的啮合力带动从动链轮跟着旋转，同时将主动轴的运动和动力传递给从动轴。

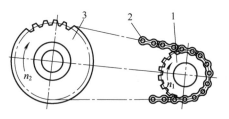

图1-29　链传动
1—主动链轮　2—链条　3—从动链轮

（2）链传动的类型　根据用途的不同，链传动分为传动链、起重链和牵引链。传动链用来传递动力和运动，起重链用于起重机械中提升重物，牵引链用于链式输送机中移动重物。

一般机械传动中常用的是传动链。传动链有齿形链和短节距精密滚子链（简称滚子链）。齿形链又称为无声链，由成组齿形链板左右交错排列，并用铰链连接而成，如图1-30所示。它运转平稳，噪声小，承受冲击载荷的能力高，但结构复杂，质量大，价格高，常用于高速或运动精度和可靠性较高的传动装置中。

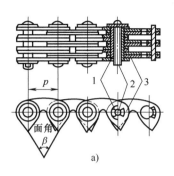

图 1-30　齿形链

a）链结构　b）啮合传动

1—轴瓦　2—轴销　3—链板

滚子链结构简单，成本较低，生产量大，从低速到较高速、从轻载到重载都适用，在传动链中占有主要地位。如图 1-31 所示，滚子链由滚子、套筒、销轴、内链板和外链板组成。

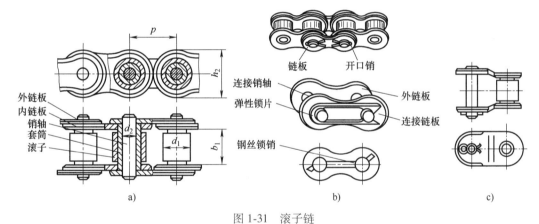

图 1-31　滚子链

a）链的主要几何尺寸　b）8 字形链板　c）过渡链板

链板一般制成 8 字形，以使它的各个横截面具有接近的抗拉强度，同时减少了链的质量和运动时的惯性力。链条中相邻两销轴中心的距离称为节距，用 p 表示，其是链传动的主要参数。节距越大，链的各元件尺寸也越大，链传递的功率也越大，但平稳性变差。故在设计时如果要求传动平稳，则应尽量选取较小的节距。当传递功率较大时，可采用双排链或多排链，如图 1-32 所示。

多排链由几排普通单排链用销轴连成，多排链的承载能力与排数成正比，但由于受精度的影响，各排链所受载荷不易均匀，故排数不宜过多，常用双排链或三排链，四排以上的很少使用。

（3）链传动的特点　与其他传动相比，链传动的主要优点如下：

1）链传动是具有中间挠性件的啮合传动，与带传动相比，

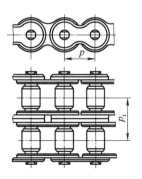

图 1-32　双排链

24

无弹性滑动和打滑现象，故能保证准确的平均传动比，传动效率较高，结构紧凑，传递功率大，张紧力比带传动小，作用在传动轴与轴承上的力较小，但无过载保护功能。

2）在相同功率条件下，链传动比带传动结构紧凑，并适合在低速、重载下工作。

3）与齿轮传动相比，链传动结构简单，加工成本低，安装精度要求低，适用于较大中心距的传动，能在高温、多尘、油污等恶劣的环境中使用。

链传动的主要缺点如下。

1）链条与链轮工作时磨损较快，使用寿命较短，磨损后链条的节距增大，链轮齿形变瘦，链条在啮合时会发出"咯咯"的响声，甚至造成脱链现象。

2）只能传递平行轴间的同向回转运动，安装时对两轮轴线的平行度要求较高。链条不适宜安装在两个成水平位置的链轮上传动，这样容易发生脱链或顶齿。

3）由于链条进入链轮后形成多边形折线，从而使链条速度产生忽大忽小的周期性变化，并伴有链条的上下抖动。因此，链传动的瞬时传动比不恒定，传动平稳性较差，有冲击和噪声，不宜用于高速和急速反向的场合。

4）制造费用较高。

4. 齿轮传动

（1）齿轮传动的工作原理　齿轮传动由主动齿轮 1、从动齿轮 2 和机架组成，如图 1-33 所示。

当一对齿轮相互啮合工作时，主动齿轮 O_1 的轮齿（1、2、3 等）通过啮合点法向力 F_n 的作用逐个地推动从动齿轮 O_2 的轮齿（1′、2′、3′等），使从动齿轮转动，从而将主动轴的动力和运动传递给从动轴。

齿轮传动时，两齿轮轴线相对位置不变，并各绕其自身的轴线转动。

（2）齿轮传动的传动形式　按照齿轮工作条件的不同，齿轮传动可分为开式齿轮传动、半开式齿轮传动和闭式齿轮传动三种形式。

1）开式齿轮传动。这种传动的齿轮是外露的，由于灰尘等容易落入齿面，润滑不完善，故轮齿易磨损。它的优点是结构简单，适用于圆周速度较低和精度要求不高的情况。

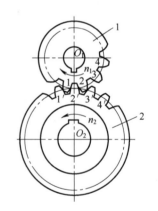

图 1-33　齿轮传动
1—主动齿轮　2—从动齿轮

2）半开式齿轮传动。这种传动的齿轮下部浸入润滑油池内，有简单的防护罩，但仍然没有完全克服开式齿轮传动的缺点，一般用于较低速度的传动。

3）闭式齿轮传动。齿轮和轴承等均安装在刚性很大的箱体内（如各种减速器中的齿轮传动），润滑良好，封闭严密，安装精确，可保证良好的工作，因此用得较多。

（3）齿轮传动的类型、特点　齿轮传动的类型很多，按照一对齿轮轴线间的相互位置不同，可分为两轴平行的齿轮传动（如圆柱齿轮传动）、两轴相交的齿轮传动（如锥齿轮传动）、两轴交错的齿轮传动（如蜗杆传动）。按照轮齿的方向，可分为直齿、斜齿、人字齿、圆弧齿等齿轮传动。按啮合情况不同，又可分为外啮合齿轮传动、内啮合齿轮传动、齿轮与齿条啮合传动。齿轮传动的类型见表 1-10。

表 1-10　齿轮传动的类型

		外啮合圆柱直齿轮传动	内啮合齿轮传动	齿轮与齿条啮合传动	外啮合圆柱斜齿轮传动
两轴平行	轴测图				
	运动简图		内齿轮	齿条	
两轴相交 （轴线交 角为 90°）	轴测图	直齿锥齿轮传动		曲线齿锥齿轮传动	
	运动简图				
两轴交错	轴测图	交错轴斜齿轮传动（$\Sigma \neq 90°$）		蜗杆传动（$\Sigma = 90°$）	
	运动简图				

（4）齿轮传动的基本要求　齿轮传动类型很多，用途各异，但从传递运动和动力的要求出发，各种齿轮传动都应满足下列两项基本要求。

1）传动平稳。齿轮在传动过程中，应始终严格保持瞬时传动比恒定不变，否则主动齿轮匀速转动而从动齿轮转速时快时慢，会引起冲击、振动和噪声，影响传动的质量。由于齿轮采用了合理的齿形曲线，这就保证了瞬时传动比保持不变，保持平稳传动，提高齿轮的工作精度，以适于高精度及高速传动。

26

2）承载能力强。齿轮要有足够的抵抗破坏能力以传递较大的动力，并且还要有较长的使用寿命及较小的结构尺寸。

要满足上面两个基本要求，就须对轮齿形状、齿轮的材料、齿轮加工、热处理方法、装配质量等诸多方面提出相应的要求。

（5）齿轮系的分类与功用　由一对齿轮组成的机构是齿轮传动的最简单形式，但在机械中，为了将输入轴的一种转速变换为输出轴的多种转速，或为了获得大的传动比等，常采用一系列互相啮合的齿轮来达到此要求。这种由一系列齿轮组成的传动系统称为齿轮系，简称轮系。

通常根据轮系运动时齿轮轴线位置是否固定，将轮系分为定轴轮系和周转轮系两种。传动时，所有齿轮轴线的位置都是固定不变的轮系称为定轴轮系。图 1-34 所示为两级圆柱齿轮减速器中的定轴轮系。

5. 螺旋传动

（1）螺旋传动的工作原理　螺旋传动是利用由带螺纹的零件构成的螺旋副将回转运动转变为直线运动的一种机械传动方式。

螺旋传动主要由螺杆、螺母和机架组成。图 1-35 所示为车床大拖板的螺旋传动，在螺杆外表面和开合螺母内表面均制有螺纹，相互组成螺旋副，当车床的长螺杆转动时，借助开合螺母就带动了大拖板做直线移动。

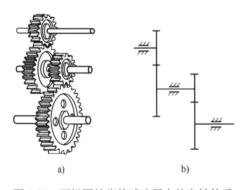

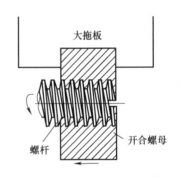

图 1-34　两级圆柱齿轮减速器中的定轴轮系　　　　图 1-35　车床大拖板的螺旋传动
a）轴测图　b）运动简图

（2）螺旋传动的类型

1）螺旋机构按螺旋副中的摩擦性质，可分为滑动螺旋、滚动螺旋两种类型。

2）按使用要求不同，螺旋机构又可分为传动螺旋机构、传力螺旋机构和调整螺旋机构三种。

① 传动螺旋机构主要用于传递运动，常要求其具有较高的传动精度和传动效率。例如：机床工作台的传动螺旋机构就是利用螺杆的转动，使螺母带动工作台沿机架上的导轨移动。

② 传力螺旋机构主要用来传递动力，常见的有螺旋千斤顶和螺旋压力机，当以较小的力转动螺杆（或螺母），就能使其产生轴向运动和大的轴向力，完成举起重物或加压工件的工作。

③ 调整螺旋机构主要用来调整和固定零件的相对位置。这种螺旋机构的螺杆上有两段螺

距或旋向不同的螺纹，分别与固定螺母、可动螺母组成双螺旋机构。差动螺旋机构是最常见的调整螺旋机构。

（3）螺旋传动的特点　螺旋机构与其他将回转运动转变为直线运动的传动装置（如曲柄滑块机构）相比，具有结构简单、工作连续、平稳、承载能力大、传动精度高、易于自锁等优点，在机械制造中获得了广泛的应用。它的缺点是螺纹之间产生较大的相对滑动，因而磨损快、使用寿命短、效率低。但是，由于滚动螺旋机构的应用，磨损和效率问题得到了很大的改善。

1.2.4　紧固与密封

1. 紧固

紧固件是作为紧固连接用，且应用极为广泛的一类机械零件。紧固件的特点是：品种规格繁多，性能用途各异，而且标准化、系列化、通用化的程度极高。因此，也有人把已有国家（行业）标准的一类紧固件称为标准紧固件，简称为标准件，其是应用最多的机械基础件。

紧固件是将两个或两个以上零件（或构件）紧固连接成为一个整体时所采用的一类机械零件的总称。紧固件通常包括螺栓、螺柱、螺钉、螺母、自攻螺钉、木螺钉、垫圈、挡圈、销、铆钉、组合件和连接副、焊钉。

2. 密封

泄漏是机械设备经常产生的故障之一。造成泄漏的原因主要有两方面：一是由于机械加工的结果，机械产品的表面必然存在各种缺陷和形状及尺寸偏差，因此，在机械零件连接处不可避免地会产生间隙；二是密封两侧存在压力差，工作介质就会通过间隙而泄漏。

减小或消除间隙是阻止泄漏的主要途径。密封的作用就是将接合面间的间隙封住，隔离或切断泄漏通道，增加泄漏通道中的阻力，或者在通道中加设小型做功元件，对泄漏物造成压力，与引起泄漏的压差部分抵消或完全平衡，以阻止泄漏。

对于真空系统的密封，除上述密封介质直接通过密封面泄漏外，还要考虑渗漏和扩散两种泄漏形式。

① 渗漏：在压力差作用下，被密封的介质通过密封件材料的毛细管的泄漏称为渗漏。

② 扩散：在浓度差作用下，被密封的介质通过密封间隙或密封材料的毛细管产生的物质传递称为扩散。

（1）密封的分类　密封可分为相对静止接合面间的静密封和相对运动接合面间的动密封两大类。静密封主要有点密封、胶密封和接触密封三大类。根据工作压力，静密封又可分为中低压静密封和高压静密封。中低压静密封常使用材质较软、接触宽度较宽的垫片；高压静密封则用材质较硬、接触宽度很窄的金属垫片。动密封可以分为旋转密封和往复密封两种基本类型。按密封件与其作用的零部件是否接触，密封可以分为接触式密封和非接触式密封。一般说来，接触式密封的密封性好，但受摩擦磨损限制，适用于密封面线速度较低的场合。非接触式密封的密封性较差，适用于较高速度的场合。

（2）密封的要求　对密封的基本要求是密封性好、安全可靠、寿命长、结构紧凑、系统简单、制造维修方便、成本低廉。大多数密封件是易损件，应保证互换性，实现标准化和系列化。

（3）密封材料 密封材料应满足密封的功能要求。由于被密封的介质不同以及设备的工作条件不同，要求密封材料具有不同的适应性。对密封材料的要求如下：

1）材料致密性好，不易泄漏介质。

2）有适当的机械强度和硬度。

3）压缩性和回弹性好，永久变形小。

4）高温下不软化，不分解；低温下不硬化，不脆裂。

5）耐蚀性好，在酸、碱、油等介质中能长期工作，其体积和硬度变化小，且不黏附在金属表面上。

6）摩擦系数小，耐磨性好。

7）具有与密封面结合的柔软性。

8）耐老化性好，经久耐用。

9）加工制造方便，价格便宜，取材容易。

橡胶是最常用的密封材料。除橡胶外，适合于作为密封材料的还有石墨、聚四氟乙烯及各种密封胶等。

（4）垫密封 垫密封广泛应用于管道、压力容器以及各种壳体的结合面的静密封中。垫密封有非金属密封垫、非金属与金属组合密封垫和金属密封垫三大类。其常用材料有橡胶、皮革、石棉、软木、聚四氟乙烯、钢、铁和铜等。

垫密封的泄漏有三种形式：界面泄漏、渗透泄漏和破坏性泄漏。其中以前两者为主要形式。

密封垫的选用原则是，对于要求不高的场合，可凭经验选取，不合适时再更换，但对于那些要求严格的场合，如制冷设备管道系统等，则应根据工作压力、工作温度、密封介质的腐蚀性及密封面的形式来选用。一般来说，在常温低压时，选用非金属软密封垫；在高温中压时，选用金属与非金属组合密封垫或金属密封垫；在温度、压力有较大的波动时，选用弹性好的或自紧式密封垫；在低温、腐蚀性介质或真空条件下，应考虑具有特殊性能的密封垫。这里需要说明的是法兰对密封垫选择的影响。

法兰形式不同，要求使用的密封垫也不同。光滑面法兰一般只用于低压，配软质的薄密封垫；在高压下，如果法兰的强度足够，也可以用光滑面法兰，但应该用厚软质垫，或者用带内加强环的缠绕密封垫。在这种场合，金属密封垫也不适用，因为这时要求的压紧力过大，导致螺栓产生较大的变形，使法兰不易封严。如果要用金属密封垫，则应将光滑面缩小，使其与密封垫的接触面积减小。这样，在螺栓张力相同的情况下，缩小后的窄光滑面的压紧应力就会增大。

法兰表面粗糙度对密封效果影响很大，特别是当采用非软质密封垫时，密封表面粗糙度值大是造成泄漏的主要原因之一。对软质密封垫，法兰面过于光滑反而不利，因为此时接触界面泄漏阻力变小了。所以，密封垫不同，所要求的法兰表面粗糙度也不相同。

（5）胶密封 密封材料的功能是填充构形复杂且不利施工的间隙，以起到密封作用。密封材料主要有三种类型：硫化型的橡胶垫片或密封圈；非硫化型的密封胶带；无固定形状的膏状或腻子状的液体密封胶。

密封胶的品种及类型很多，为了满足同一使用要求，可以使用几种不同基料的密封胶，而同一种基料又能制造出不同性能和不同用途的密封胶。从密封胶的制造者和使用者两方面考虑，密封胶有多种分类方法，一般可按下述四种方法进行分类。

1) 按密封胶基料分类，一般分为橡胶型、树脂型、油基型等。

2) 按密封胶硫化方法分类，一般分为化学硫化型密封胶、溶胶糊状密封胶、热转变型密封胶、氧化硬化型密封胶、溶剂挥发凝固型密封胶、不干性永久塑性密封胶等。

3) 按密封胶形态分类，一般分为膏状密封胶、液态弹性体密封胶、热熔密封胶和液体密封胶等。

4) 按密封胶施工后性能分类，一般分为固化型密封胶和非固化型密封胶。

(6) 填料密封　填料密封是以棉、麻的纤维填塞在泄漏通道内来阻止液流泄漏的，主要用于提水机械的密封。

填料密封主要用作动密封，它广泛用于离心泵、压缩机、真空泵、搅拌机和船舶螺旋桨的转轴密封，往复式压缩机、制冷机的往复运动密封，以及各种阀门阀杆的旋动密封等。为了适应上述设备的工作条件，填料密封必须具备下列条件。

1) 有一定的塑性，在压紧力作用下能产生一定的径向力并紧密与轴接触。

2) 有足够的化学稳定性，不污染介质，填料不被介质泡涨，填料中的浸渍剂不被介质溶解，填料本身不腐蚀密封面。

3) 自润滑性能良好，耐磨，摩擦系数小。

4) 轴存在少量偏心时，填料应有足够的浮动弹性。

5) 制造简单，填装方便。

填料的种类很多，可以从其功用、构造和材料方面分类，最常用的有四类：绞合填料、编结填料、塑性填料和金属填料。

选择填料时，应考虑机器的种类、介质的物理和化学特性、工作温度、工作压力以及运动速度等，其中尤以介质的腐蚀性（以 pH 值表示）及工作温度最重要。

(7) 成形填料密封　成形填料密封泛指用橡胶、塑料、皮革及金属材料经模压或车削加工成形的环状密封圈密封。

成形填料按工作特性分为挤压型密封圈和唇形密封圈两类；按材料可分为橡胶类、塑料类、皮革类和金属类。各种材料的挤压型密封圈中橡胶挤压型密封圈应用最广，其中 O 形圈历史最悠久、最典型。唇形密封圈的类型很多，有 V 形、U 形、L 形、J 形和 Y 形等。

(8) 油封　油封即润滑油的密封。它常用于各种机械的轴承处，特别是滚动轴承部位。它的功能是把油腔和外界隔离，对内封油，对外封尘。

油封与其他密封比较有下列优点：

1) 油封重量轻，耗材少。

2) 油封的安装位置小，轴向尺寸小，容易加工。

3) 密封性能好，使用寿命较长，对机器的振动和主轴的偏心都有一定的适应性。

4) 拆卸容易，检修方便。

5) 价格便宜。

(9) 防尘密封　油封可作为防尘密封使用，但是在粉尘严重或是为了保护其他密封件时，常常使用专门的防尘密封。

对于防尘密封所使用的材料，油压机械多用橡胶，气压机械多用毛毡，飞机和在寒带工作的油缸为应对活塞杆外部结冰而用金属，化工部门为防止活塞杆上的黏着物也用金属。

防尘密封对保护关键性的液压设备是十分重要的。如果被保护设备渗入尘土，这样不仅磨损密封件，而且会大大磨损导向套和活塞杆。此外，如果杂质进入液压介质中，还会影响操作阀和泵的功能，在最坏的情况下，也可能损坏这些装置。防尘圈虽然能除掉活塞杆表面上的尘土和杂物，但是也会破坏活塞杆上的油膜，这对密封件的润滑也有一定作用。

（10）离心密封　离心密封是利用回转体带动流体使之产生离心力以克服泄漏的装置，其密封能力来源于机器轴的旋转带动密封元件所做的功，因此它属于一种动力密封。

离心密封的特点是：它没有直接接触的摩擦副，可以采用较大的密封间隙，因此能密封含有固相杂质的介质，磨损小，寿命长，若设计合理可以做到接近于零泄漏。但是这种密封所能克服的压差小，即密封的减压能力低。另外，离心密封的功率消耗大，甚至可达泵有效功率的1/3。

（11）浮环密封　浮动环密封简称浮环密封，用于离心压缩机、离心泵等轴封。在中、高压离心压气机中可供选择的密封方式有机械密封、迷宫密封和填料密封。但是，由于气体的散热和润滑条件不如液体，所以填料密封只有小型、低速才用，而机械密封在速度大于40m/s、温度高于200℃以后也很难适应，只有迷宫密封是最常用的方式。

浮环密封有下列优点。

1）密封结构简单，只有几个形状简单的环、销、弹簧等零件。多层浮动环也只是这些简单零件的组合，比机械密封零件少。

2）对机器的运行状态不敏感，有稳定的密封性能。

3）各密封件不产生磨损，密封可靠，维护简单、检修方便。

4）因密封件材料为金属，故耐高温。

5）浮动环可以多个并列使用，组成多层浮动环，能有效地密封10MPa以上的高压。

6）能用于10000~20000r/min的高速旋转流体机械，尤其用于气体压缩机，其许用速度高达100m/s以上。

7）只要采用耐蚀金属材料或衬里为耐蚀非金属材料（如石墨）作为浮动环，就可以用于强腐蚀介质的密封。

8）因密封间隙中是液膜，所以摩擦功率极小，使机器有较高的工作效率。

（12）迷宫密封　迷宫密封是在转轴周围设置若干个依次排列的环行密封齿，齿与齿之间形成一系列截流间隙与膨胀空腔，被密封介质在通过曲折迷宫的间隙时产生节流效应而达到阻漏的目的。

由于迷宫密封的转子和机壳间存在间隙，无固体接触，无须润滑，并允许有热膨胀，故适用于高温、高压、高转速频率的场合。这种密封形式被广泛用于汽轮机、压缩机、鼓风机的轴端和各级间的密封，或其他动密封的前置密封。

流体通过迷宫产生阻力并使其流量减少的机能称为迷宫效应。对液体，有流体力学效应，其中包括水力磨阻效应、流束收缩效应；对气体，有热力学效应，即气体在迷宫中因压缩或膨胀而产生的热转换；此外，还有透气效应等。而迷宫效应则是这些效应的综合反映，其机理一般包括水力磨阻效应、流束收缩效应、热力学效应、透气效应等。

迷宫密封按密封齿的结构不同,分为密封片和密封环两大类型。密封片结构紧凑,运转中与机壳相碰。密封片能向两侧弯曲,减少摩擦,且拆换方便。密封环由 6~8 块扇形块组成,装入机壳与转轴中,用弹簧片将密封环压紧在机壳上,弹簧片压紧力为 60~100N,当轴与密封环相碰时,密封环自行弹开,避免摩擦。这种结构尺寸较大,加工复杂,齿磨损后将整个密封环调换,因此应用不及密封圈广泛。

(13)机械密封　机械密封又称为端面密封,是旋转轴用动密封。机械密封性能可靠,泄漏量小,使用寿命长,功耗低,无须经常维修,且能适应于生产过程自动化和高温、低温、高压、真空、高速以及各种强腐蚀性介质、含固体颗粒介质等苛刻工况的密封要求。

机械密封是靠一对或几对垂直于轴做相对滑动的端面在流体压力和补偿机构的弹力(或磁力)作用下保持接合并配以辅助密封而达到阻漏目的的轴封装置。

1.3　钳工基础知识

1.3.1　常用设备、工具和量具

钳工是使用钳工工具或设备,按技术要求对工件进行加工、修整、装配的工种。它的特点是手工操作多,灵活性强,工作范围广,技术要求高,且操作者本身的技能水平直接影响加工质量。

1. 钳工常用的设备

(1)台虎钳　台虎钳是用来夹持工件的通用夹具,其规格用钳口宽度来表示,常用规格有 100mm、125mm 和 150mm 等。

使用台虎钳的注意事项如下:

1)夹紧工件时要松紧适当,只能用手扳紧手柄,不得借助其他工具加力。

2)强力作业时,应尽量使力朝向固定钳身。

3)不许在活动钳身和光滑平面上敲击作业。

4)对丝杠、螺母等活动表面应经常清洗、润滑,以防生锈。

(2)钳工工作台　钳工工作台也称为钳工台或钳桌、钳台,其主要作用是安装台虎钳和存放钳工常用工具、夹具、量具。钳工工作台高度为 800~900mm,装上台虎钳后,钳口高度以与人的手肘平齐为宜。

(3)砂轮机　砂轮机是用来刃磨各种刀具、工具的常用设备,由电动机、砂轮机座、托架和防护罩等部分组成。

(4)钻床　钻床用来对工件进行各类圆孔的加工,有台式钻床、立式钻床和摇臂钻床等。

2. 钳工常用的工具

(1)钳工常用手工工具　钳工常用手工工具包括进行划线、錾削(凿削)、锯削、锉削、钻孔、扩孔、铰孔、攻螺纹和套螺纹、矫正和弯曲、铆接、刮削、研磨及装配等操作的工具。

(2)钳工常用电动工具

1)手电钻。手电钻是用来对金属或其他材料制品进行钻孔的电动工具,体积小、重量轻、使用灵活、操作简单。

2）电动扳手。电动扳手主要用来装拆螺纹连接件，分为单相冲击电动扳手和三相冲击电动扳手。

3. 钳工常用的量具

量具的种类很多，根据其用途及特点不同，可分为万能量具、专用量具和标准量具等。

万能量具是指能对多种零件、多种尺寸进行测量的量具。这类量具一般都有刻度，在测量范围内可测量出零件或产品的形状、尺寸的具体数值，如游标卡尺、千分尺、百分表和游标万能角度尺等。

专用量具是指专为测量零件或产品的某一形状、尺寸而制造的量具。这类量具不能测出具体的实际尺寸，只能测出零件或产品的形状、尺寸是否合格，如卡规、量规等。

标准量具是指只能制成某一固定尺寸，用来校对和调整其他量具的量具，如量规等。

（1）游标卡尺　凡利用尺身和游标刻线间长度之差原理制成的量具，统称为游标量具。常用的游标量具有游标卡尺、游标高度卡尺、游标深度卡尺，游标万能角度尺和齿厚游标卡尺等。

1）游标卡尺的结构：游标卡尺可用来测量长度、厚度、外径、孔深和中心距等。游标卡尺的精度有 0.1mm、0.05mm 和 0.02mm 三种。游标卡尺由尺身、游标尺、内测量爪、外测量爪、深度尺和紧固螺钉等部分组成。

2）游标卡尺的刻线原理：游标卡尺的读数部分由尺身与游标尺组成，其原理是利用尺身刻线间距和游标刻线间距之差来进行小数读数。通常尺身刻线间距 a 为 1mm，尺身刻线（$n-1$）格的长度等于游标刻线 n 格的长度。常用的有 $n=10$、$n=20$ 和 $n=50$ 三种，相应的游标刻线间距 $b=(n-1)a/n$，分别为 0.90mm、0.95mm、0.98mm 三种。尺身刻线间距与游标刻线间距之差，即 $i=a-b$ 为游标尺读数值（游标卡尺的分度值），此时 i 分别为 0.10mm、0.05mm、0.02mm。根据这一原理，在测量时，尺框沿着尺身移动，根据被测尺寸的大小，尺框停留在某一确定的位置，此时游标尺上的零刻线落在尺身的某一刻度间，游标尺上的某一刻线与尺身上的某一刻线对齐，由以上两点，得出被测尺寸的整数部分和小数部分，两者相加，即得测量结果。

常用的卡尺为 0.02mm 的游标卡尺，其刻线原理是：尺身每 1 格长度为 1mm，游标尺总长度为 49mm，等分 50 格，游标尺每格长度为 49mm/50＝0.98mm，尺身 1 格和游标尺 1 格长度之差为 1mm－0.98mm＝0.02mm，所以它的分度值为 0.02mm。

3）游标卡尺的读数方法：首先读出游标尺零刻线左边尺身上的整毫米数，再看游标尺从零刻线开始第几条刻线与尺身某一刻线对齐，其游标刻线数与精度的乘积就是不足 1mm 的小数部分，最后将整毫米数与小数相加就是测得的实际尺寸。

（2）游标万能角度尺

1）游标万能角度尺的结构：游标万能角度尺是用来测量工件内、外角度的量具，其分度值有 2′和 5′两种，测量范围为 0°～320°。游标万能角度尺主要由尺身、基尺、游标尺、直角尺、直尺和卡块等部分组成。

2）游标万能角度尺的刻线原理：尺身刻线每格为 1°，游标尺共分 30 格等分 29°，游标尺每格为 29°/30＝58′，尺身 1 格和游标 1 格之差为 1°－58′＝2′，所以它的测量精度为 2′。分度值为 5′的游标万能角度尺的刻线原理类似。

3）游标万能角度尺的读数方法：先读出游标尺零刻线前面的整度数，再看游标尺第几条刻线和尺身刻线对齐，读出角度"′"的数值，最后两者相加就是测量角度的数值。

（3）千分尺

1）千分尺的结构：千分尺是测量中最常用的精密量具之一。千分尺的种类较多，按其用途不同可分为外径千分尺、内径千分尺、深度千分尺、内测千分尺和螺纹千分尺等。千分尺的分度值为 0.01mm。外径千分尺主要由尺架、砧座、测微螺杆、锁紧手柄、螺纹套、固定套管、微分筒、螺母、接头、测力装置、弹簧和棘轮等部分组成。

2）外径千分尺的刻线原理：固定套管上每相邻两刻线轴向每格长度为 0.5mm。测微螺杆螺距为 0.5mm。当微分筒转 1 圈时，测微螺杆就移动 1 个螺距 0.5mm。微分筒圆锥面上共等分 50 格，微分筒每转 1 格，测微螺杆就移动 0.5mm/50 = 0.01mm，所以外径千分尺的分度值为 0.01mm。

3）外径千分尺的读数方法：先读出固定套管上露出刻线的整毫米及半毫米数，再看微分筒哪一刻线与固定套管的基准线对齐，读出不足半毫米的小数部分，最后将两次读数相加，即为工件的测量尺寸。

（4）百分表

1）百分表的结构：百分表是一种指示式量仪，分度值为 0.01mm。百分表主要由触头、齿杆、小齿轮、大齿轮、中间小齿轮、长指针、短指针、表盘、表圈和拉簧等部分组成。

2）百分表的刻线原理：百分表齿杆的齿距是 0.625mm，当齿杆上升 16 齿时，上升的距离为 0.625mm×16 = 10mm，此时和齿杆啮合的 16 齿的小齿轮正好转动 1 周，而和该小齿轮同轴的大齿轮（100 个齿）也必然转 1 周，中间小齿轮（10 个齿）在大齿轮带动下将转 10 周，与中间小齿轮同轴的长指针也转 10 周，由此可知，当齿杆上升 1mm 时，长指针转 1 周，表盘上共等分 100 格，所以长指针每转 1 格，齿杆移动 0.01mm，即百分表的分度值为 0.01mm。

3）百分表的读数方法：使用百分表进行测量时，首先让长指针对准零位，测量时长指针转过的格数即为测量尺寸。

（5）内径百分表

1）内径百分表的结构：内径百分表是用来测量孔及孔的形状误差的测量工具。内径百分表由百分表和专用表架组成，专用表架又包括表架、弹簧、杆、定心器、测量头、触头和摆动块。

2）使用方法：用内径百分表测量孔径属于相对测量法，测量前应根据被测孔径的大小，用千分尺或其他量具将其调整好才能使用，固定测量头可根据孔径大小更换，测量前应先将内径百分表对准零位，测量时，应使测量杆垂直零件被测表面，轴向摆动百分表，测出的最小尺寸才是孔的实际尺寸。

（6）塞尺

1）塞尺的结构：塞尺是用来检验两个结合面之间间隙大小的片状量规。塞尺有两个平行的测量面，其长度有 50mm、100mm、200mm 等多种。塞尺有若干个不同厚度的片，可叠合起来装在夹板里。

2）使用方法：使用塞尺时，应根据间隙的大小选择塞尺的片数，可用一片或数片重叠在一起插入间隙内。厚度小的塞尺很薄，容易弯曲和折断，插入时不宜用力太大，用后应将塞尺擦拭干净，并及时装到夹板里。

1.3.2 钳工操作基础知识

1. 螺纹加工

（1）螺纹的种类　螺纹的种类很多，在圆柱或圆锥表面上加工出的螺纹称为外螺纹，在孔壁上加工出的螺纹称为内螺纹。

按螺纹的旋转方向不同，螺纹可以分为顺时针方向旋入的右旋螺纹和逆时针方向旋入的左旋螺纹。螺纹的旋向可以用右手来判定，手心对着自己，四指沿螺纹轴线方向伸直，螺纹的旋向与右手大拇指的指向一致时为右旋螺纹，反之为左旋螺纹，一般常用右旋螺纹。

按螺旋线的数目不同，螺纹还可分为单线螺纹和多线螺纹。

螺纹按用途的不同，可分为连接螺纹和传动螺纹两大类；按其截面的形状不同，还可以分为三角形、梯形、锯齿形、矩形以及其他特殊形状的螺纹。

（2）普通螺纹的主要参数　普通螺纹的主要参数有大径、小径、中径、螺距、导程、线数、牙型角等。对于标准螺纹来说，只要知道大径、线数、螺距和牙型角就可以了，而其他参数可通过计算或查表得出。

（3）螺纹代号与标记　以普通螺纹为例，普通螺纹代号由螺纹特征代号和尺寸代号组成。粗牙普通螺纹用字母 M 与公称直径表示；细牙普通螺纹用字母 M 与公称直径×螺距表示。当螺纹为左旋时，在代号之后加"LH"。

M24 表示公称直径为 24mm 的粗牙普通螺纹。

M24×1.5 表示公称直径为 24mm、螺距为 1.5mm 的细牙普通螺纹

M24×1.5-LH 表示公称直径为 24mm、螺距为 1.5mm 的左旋细牙普通螺纹。

M6~M24 是经常使用的粗牙普通螺纹，它们的螺距应该熟记。

M6 的螺距为 1mm、M8 的螺距为 1.25mm、M10 的螺距为 1.5mm、M12 的螺距为 1.75mm、M16 的螺距为 2mm，M20 的螺距为 2.5mm、M24 的螺距为 3mm。

（4）攻螺纹　用丝锥在工件孔中切削出内螺纹的加工方法，称为攻螺纹。

1）攻螺纹用的工具：

① 丝锥：丝锥分为手用丝锥和机用丝锥。丝锥由柄部和工作部分组成。柄部是攻螺纹时被夹持的部分，起传递力矩的作用。工作部分由切削部分和校准部分组成。切削部分的前角（8°~10°）和后角（6°~8°）起切削作用；校准部分有完整的牙型，用来修光和校准已切出的螺纹，并引导丝锥沿轴向前进，校准部分的后角为 0°。

攻螺纹时，为了减小切削力和延长丝锥的使用寿命，一般将整个切削工作量分配给几个丝锥来承担。

② 铰杠：铰杠是手工攻螺纹时用来夹持丝锥的工具。铰杠分为普通铰杠和丁字形铰杠两类，每类铰杠又有固定式和活络式两种。

攻螺纹前底孔直径的确定：攻螺纹时，丝锥对金属层有较强的挤压作用，使攻出螺纹的小径小于底孔直径，因此攻螺纹之前的底孔直径应稍大于螺纹小径，一般从手册的表中查出。

攻螺纹底孔深度的确定：攻不通孔螺纹时，由于丝锥切削部分有锥角，端部不能攻出完整的螺纹牙型，所以钻孔深度要大于螺纹的有效长度。钻孔深度的计算式为

$$H_{深} = h_{有效} + 0.7D$$

式中　$H_{深}$——钻孔深度（mm）；

　　　$h_{有效}$——有效长度（mm）；

　　　D——螺纹大径（mm）。

2）攻螺纹的方法：攻螺纹前要对底孔孔口倒角，且倒角处的直径应略大于螺纹大径。通孔螺纹两端都要倒角，这样使丝锥开始起攻时容易切入材料，并能防止孔口处被挤压出凸边。

工件的装夹位置应尽量使螺孔中心线置于垂直或水平位置，使攻螺纹时容易判断丝锥轴线是否垂直于工件表面。

起攻时，要把丝锥放正在孔口上，然后对丝锥加压力并转动铰杠，当丝锥切入1~2圈后，应及时检查并校正丝锥的位置。检查应在丝锥的前后、左右方向上进行，一般在切入3~4圈后，丝锥的位置应正确无误，不能再有明显的偏斜和强行纠正。

当丝锥的切削部分全部切入工件后，只需转动铰杠即可，不能再对丝锥施加压力，否则螺纹牙型将被破坏。攻螺纹时，要经常倒转1/4~1/2圈，使切屑断碎后容易排出，避免因切屑阻塞而使丝锥卡死。

攻不通孔时，要经常退出丝锥，排出孔内的切屑，否则会因切屑阻塞使丝锥折断或达不到螺纹深度的要求。当工件不便倒向时，可用磁性针棒吸出切屑。

攻塑性材料的螺纹时，要加注切削液，以减小切削阻力，减小螺孔的表面粗糙度值，延长丝锥使用寿命。

用成组丝锥攻螺纹时，必须以头锥、二锥、三锥的顺序攻削到标准尺寸。在较硬的材料上攻螺纹时，可用各丝锥轮换交替进行，以减小切削刃部的负荷，防止丝锥折断。

（5）套螺纹　用板牙在外圆柱面上（或外圆锥面）切削出外螺纹的方法，称为套螺纹。

1）套螺纹用的工具：套螺纹用的工具有板牙和板牙架。板牙有封闭式和开槽式两种结构。套螺纹时，金属材料因受板牙的挤压而产生变形，牙顶将被挤高一些，所以套螺纹前圆杆直径应小于螺纹大径。圆杆直径可直接从相关手册中查出。

2）套螺纹的方法：为了使板牙容易切入材料，圆杆端要倒成锥角，锥体的最小直径应比螺纹小径略小，避免螺纹端部出现锋口和卷边。

套螺纹时切削力矩较大，圆杆工件要采用V形钳口或厚铜板作衬垫，这样才能夹持牢固。

起套时，要使板牙的端面与圆杆轴线垂直，要在转动板牙时施加轴向压力，转动要慢，压力要大，当板牙切入材料2~3圈时，要及时检查并校正板牙的位置，否则切出的螺纹牙型一面深一面浅，甚至出现乱牙。

起套完成后，不要再施加压力，应让板牙自然旋进，以免损坏螺纹和板牙，并要经常倒转以便排出断屑。

在钢件上套螺纹要加注切削液，以减小加工螺纹的表面粗糙度值和延长板牙使用寿命。

2. 孔加工

孔加工是钳工的重要操作技能之一。孔加工的方法主要有两类：一类是在实体工件上加工出孔，即用麻花钻、中心钻等进行钻孔；另一类是对已有孔进行再加工，即用扩孔钻、锪孔钻和铰刀进行扩孔、锪孔和铰孔等。

（1）钻孔　用钻头在实体工件上加工出孔的方法称为钻孔。在钻床上进行钻孔时，钻头的旋转是主运动，钻头沿轴向移动是进给运动。几种常用钻头如下。

1）麻花钻：麻花钻由柄部、颈部和工作部分组成。

2）群钻：群钻是在麻花钻的基础上经刃磨改进的一种钻头。它在钻削过程中具有效率高、寿命长、钻孔质量好等优点。它主要分为标准群钻和薄板群钻两种。标准群钻是在标准麻花钻的基础上磨削出月牙槽，磨削短横刃和磨削出单面分屑槽；薄板群钻是将标准麻花钻的两条主切削刃磨成圆弧形切削刃。

（2）扩孔　用扩孔工具将工件上原来的孔径扩大的加工方法称为扩孔。常用的扩孔方法有用麻花钻扩孔和用扩孔钻扩孔。扩孔钻有高速扩孔钻和硬质合金扩孔钻两种。用扩孔钻扩孔，生产效率高，加工质量好，常用作孔的半精加工及铰孔前的预加工。

（3）锪孔　用锪孔钻在孔口表面锪出一定形状的孔或表面的加工方法称为锪孔。

1）锪孔钻的种类及用途：

① 柱形锪孔钻。柱形锪孔钻主要用于锪圆柱形埋头孔。

② 锥形锪孔钻。锥形锪孔钻的钻尖角度有 60°、75°、82°、90°和 120°等几种。它主要用于锪埋头铆钉孔和埋头螺钉孔。

③ 端面锪孔钻。端面锪孔钻主要用来锪平孔口端面，也用来锪平凸台平面。

2）锪孔时的注意事项：锪孔时的进给量应为钻孔时的 2~3 倍，切削速度为钻孔时的 1/3~1/2 为宜，应尽量减小振动以获得较小的表面粗糙度值。

若用麻花钻改磨成锪孔钻，应尽量选用较短的钻头，并修磨外缘处前刀面，使前角变小，以防振动和扎刀；还应磨出较小的后角，防止锪出多角形表面。

锪钢材料的工件时，因切削热量大，应在导柱和切削表面上加注切削液。

（4）铰孔　用铰刀从工件孔壁上切除微量金属层，以获得孔的较高尺寸精度和较小表面粗糙度值的加工方法，称为铰孔。铰孔用的刀具称为铰刀。铰刀是尺寸精确的多刃工具，其具有刀齿数量较多、切削余量小、切削阻力小和导向性好等优点。

3. 平面加工

（1）錾削　用锤子打击錾子对金属工件进行切削加工的方法，称为錾削。錾削主要用于不便机械加工的场合，如去除毛坯上的凸缘、毛刺、浇口、冒口以及分割材料，加工平面及沟槽等。

錾削所用的主要工具是锤子和錾子。錾子由头部、錾身和切削部分组成，主要分为扁錾、尖錾和油槽錾等。锤子又称为榔头，由锤头、木柄和楔子组成。锤子的规格有 0.25kg、0.5kg和 1kg 等多种。

（2）锉削　用锉刀对工件表面进行切削加工的方法，称为锉削。锉削的精度可达到 0.01mm。锉削应用十分广泛，可锉削平面、曲面、内外表面、沟槽和各种形状复杂的表面。锉削还可以配键、制作样板以及装配时对工件进行修整等。

锉削工具主要是锉刀。锉刀由碳素工具钢经热处理淬硬制成。

1）锉刀的种类：锉刀按其用途不同，可分为普通钳工锉、异形锉和整形锉三种。

① 普通钳工锉按其断面形状，又可分为扁锉（板锉）、方锉、三角锉、半圆锉和圆锉五种。

② 异形锉有刀形锉、菱形锉、扁三角锉、椭圆锉、圆肚锉等。异形锉主要用于锉削工件

上特殊的表面。

③ 整形锉俗称什锦锉，主要用于修整工件细小部分的表面。

2）锉刀的规格及选用：锉刀的规格分为尺寸规格和齿纹粗细规格两种。方锉的尺寸规格以方形尺寸表示，圆锉的尺寸规格以直径表示，其他锉刀的尺寸规格则以锉身长度表示。钳工常用的锉刀，锉身长度有 100mm、125mm、150mm、200mm、250mm、300mm、350mm、400mm 等多种。

齿纹粗细规格，以锉刀每 10mm 轴向长度内主锉纹的条数表示。主锉纹是指锉刀上起主要切削作用的齿纹；而另一个方向上起分屑作用的齿纹，称为辅助齿纹。锉刀齿纹粗细规格的选用见表 1-11。

表 1-11 锉刀齿纹粗细规格的选用

锉 刀 粗 细	适 用 场 合		
	锉削余量/mm	尺寸精度/mm	表面粗糙度 Ra 值/μm
1 号（粗齿锉刀）	0.5~1	0.2~0.5	100~25
2 号（中齿锉刀）	0.2~0.5	0.05~0.2	25~6.3
3 号（细齿锉刀）	0.1~0.3	0.02~0.05	12.5~3.2
4 号（双细齿锉刀）	0.1~0.2	0.01~0.02	6.3~1.6
5 号（油光锉）	0.1 以下	0.01	1.6~0.8

3）锉削的注意事项：锉刀柄要装牢，不要使用锉刀柄有裂纹的锉刀；不准用嘴吹除金属屑，也不准用手清理金属屑；锉刀放置不得露出钳台边；夹持已加工面时应使用保护片，较大工件要加木垫。

（3）锯削 用手锯对材料或工件进行切断或锯槽的加工方法称为锯削。

1）锯削常用工具：手锯。手锯由锯弓和锯条组成。锯弓的作用是用来装夹并张紧锯条，且便于双手操作。锯条是用来直接锯削材料或工件的工具，一般由渗碳钢冷轧制成，经热处理淬硬后才能使用。锯条的长度以两端装夹孔的中心距来表示。手锯常用的锯条长度为 300mm。

2）锯削的注意事项：工件将要锯断时应减小压力，防止工件断落时砸伤脚；锯削时要控制好用力，防止锯条突然折断、失控，使人受伤。

（4）刮削 用刮刀刮去工件表面金属薄层的加工方法称为刮削。刮削分为平面刮削和曲面刮削两种。

刮削时，在工件或校准工具上涂一层显示剂，经过推研，使工件上较高的部位显示出来，然后用刮刀刮去较高部分的金属层，经过反复推研、刮削，使工件达到要求的尺寸精度、形状精度及表面粗糙度，所以刮削又称为刮研。

刮削具有切削量小、切削力小、切削热少和切削变形小的特点，所以能获得很高的尺寸精度、形状精度、接触精度和很小的表面粗糙度值。刮削时，工件受到刮刀的推挤和压光作用，使工件表面组织变得比原来紧密，表面粗糙度值很小。

刮削一般经过粗刮、细刮、精刮和刮花过程。刮削后的工件表面形成比较均匀的微小凹坑，创造了良好的存油条件，有利于润滑。因此，机床导轨、滑板、滑座、滑动轴承、工具、量具等的接触表面常用刮削的方法进行加工。

刮削的工具有刮刀、校准工具（平板、直尺、角度尺等）和显示剂。刮刀又有平面刮刀和曲面刮刀两种。平面刮刀用于平面刮削和平面上刮花；曲面刮刀主要用来刮削曲面，如滑动轴承的内孔等。校准工具是用来研点和检验刮削表面准确情况的工具。显示剂是工件和校准工具对研时所加的涂料，常用的显示剂有红丹粉和蓝油。

（5）研磨　用研磨工具和研磨剂从工件表面上研去一层极薄金属层的加工方法，称为研磨。研磨是对工件进行精加工的一种方法。研磨的主要作用是使工件获得很高的尺寸精度、形状精度和极小的表面粗糙度值。

常用的研磨工具有研磨平板、研磨棒和研磨套等。

研磨剂是磨料、研磨液和辅助材料的混合剂。

4. 弯形与矫正

（1）弯形　将坯料弯成所需要形状的加工方法称为弯形。弯形是使材料产生塑性变形，因此只有塑性好的材料才能进行弯形。弯形虽然是塑性变形，但也有弹性变形，为抵消材料的弹性变形，变形过程中应多弯一些。

弯形方法有冷弯和热弯两种。在常温下进行的弯形称为冷弯；当弯形厚度大于5mm及弯直径较大的棒料和管料工件时，常需要将工件加热后再进行弯形，这种弯形方法称为热弯。

1）板料在厚度方向上的弯形：小工件可在台虎钳上进行，先在弯形的地方划好线，然后用锤子锤击，也可用木块垫住工件再用锤子敲击。

2）板料在宽度方向上的弯形：它是利用金属材料具有延展性能，在弯形的外弯部分进行锤击，使材料朝一个方向逐渐延伸；较窄的板料可在V形架或特制的弯形模上用锤击法，使工件弯形；另外还可以利用弯形工具进行弯形。

（2）矫正　消除材料或工件弯曲、翘曲、凸凹不平等缺陷的加工方法，称为矫正。矫正可在机床上进行，也可手工进行。手工矫正是将材料（或工件）放在平板、铁砧或台虎钳上，采用锤击、弯形、延展或伸长等进行的矫正方法。

金属材料主要有弹性变形和塑性变形两种。矫正的实质就是让金属材料产生一种新的塑性变形，来消除原来不应存在的塑性变形。在矫正过程中，材料要受到锤击、弯形等外力作用，使矫正后的材料内部组织发生变化，造成硬度提高、性质变脆，这种现象称为冷作硬化。冷作硬化给继续矫正或下道工序加工带来困难，必要时应进行退火处理，恢复材料原来的力学性能。

1）手工矫正常用的工具：

① 平板、铁砧及台虎钳。平板、铁砧及台虎钳都可以作为矫正板材或型材的基座。

② 软、硬锤子。矫正一般材料均可采用钳工常用锤子；矫正已加工表面、薄钢件或有色金属制件时，应采用铜锤、木锤或橡胶锤等软锤子。

③ 抽条和拍板。抽条是采用条状薄板料弯成的简易手工工具。它用于抽打较大面积的板料。拍板是用质地较硬的檀木制成的专用工具，主要用于敲打板料。

④ 螺旋压力工具（或压板）。它适用于矫正较大的轴类工件或棒料。

2）矫正方法：

① 扭转法。扭转法用来矫正条料的扭曲变形，一般是将条料夹持在台虎钳上，用扳手把条料向变形的相反方向扭转到原来的形状。

② 伸张法。伸张法用来矫正各种细长线材。其方法是将线材一头固定，然后在固定端让线材绕圆木一周，紧握圆木向后拉，使线材在拉力作用下绕过圆木得到伸张矫直。

③ 弯形法。弯形法用来矫正各种弯曲的棒料和在宽度方向上变形的条料。直径较小的棒料和薄料，可用台虎钳在靠近弯曲处夹持，用扳手矫正。直径大的棒料和较厚的条料，则要用压力机械矫正。

④ 延展法。延展法是用锤子敲击材料，使其延展伸长来达到矫正的目的。

5. 连接

连接是机器制造和设备修理中经常应用的加工方法之一。

（1）锡焊 锡焊是常用的一种连接方法。锡焊时，工件材料并不熔化，只是将焊锡熔化而把工件连接起来的一种连接方法。锡焊的优点是热量少，被焊工件不产生热变形，焊接设备简单，操作方便。锡焊常用于强度要求不高或密封性要求较高的连接。

1）锡焊工具：锡焊常用的工具有烙铁、烘炉和喷灯等。烙铁有电烙铁和非电加热烙铁两种。

2）钎料与焊剂：

① 钎料。锡焊用钎料称为焊锡。焊锡是一种锡铅合金，熔点一般在 $180° \sim 300℃$。焊锡的熔点由锡、铅含量之比决定。锡的比例越大，熔点越低，焊接时的流动性就越好。

② 焊剂。焊剂又称为焊药。焊剂的作用是消除焊缝处的金属氧化膜，提高焊锡的流动性，增加焊接强度。

（2）黏结 利用黏合剂把不同或相同的材料牢固地连接成一体的操作方法，称为黏结。黏结工艺操作方便，连接可靠，适应性广，其应用不受材料种类的限制，黏结部分应力分布均匀，耐疲劳性好，有机黏结还有耐蚀和绝缘性能好等优点。黏结的最大缺点是强度较低和耐热性较差。

黏结按使用黏合剂的材料来分，有无机黏结和有机黏结两大类。

1）无机黏结：无机黏结使用的黏合剂为无机黏合剂，工业上一般采用磷酸和氧化铜。无机黏合剂有强度较低、脆性大、适应范围小的缺点，适用于套接，不适用于平面对接和搭接。黏结面要尽量粗糙。黏结前，还应对黏结面进行除锈、脱脂和清洗。黏结后，需要经过干燥、硬化才能使用。

2）有机黏结：有机黏结使用的黏合剂为有机黏合剂。有机黏合剂的品种很多，下面主要介绍两种最常用的黏合剂。

① 环氧黏合剂。它具有黏合力强、硬化收缩小、耐蚀、绝缘性好及使用方便等优点，因而得到广泛应用。它的主要缺点是耐热性差、脆性大。

② 聚丙烯酸酯黏合剂。该黏合剂常用的牌号有 501、502。这类黏合剂的特点是没有溶剂，可以在室温下固化，并呈一定的透明状，但因固化速度较快，所以不适用于大面积黏结。

（3）铆接 铆钉将两个或两个以上工件组成不可拆卸的连接，称为铆接。铆接过程是将铆钉插入被铆接工件的孔中，并把铆钉头紧贴工件表面，然后将铆钉杆的一端镦粗成为铆合头。目前，在很多工件的连接中，铆接已逐渐被焊接所代替，但因铆接有操作方便、连接可靠等优点，所以在机器、设备、工具制造中，仍有较多的应用。

1）铆接分类：按使用要求不同，铆接可分为活动铆接和固定铆接两种。

① 活动铆接（铰链铆接）：它的结合部分可以相互转动，如剪刀、钢丝钳、划规等工具的铆接，都是活动铆接。

② 固定铆接：它的结合部位是固定不动的。固定铆接根据使用要求不同，又可分为坚固铆接、紧密铆接和坚固紧密铆接等。

按铆接方法来分，铆接又可分为冷铆、热铆和混合铆。

① 冷铆：铆钉不需要加热，直接镦出铆合头的铆接方法，称为冷铆。冷铆要求铆钉材料具有较好的塑性，一般直径小于 8mm 的钢质铆钉均可采用冷铆的方法。

② 热铆：把整个铆钉加热到一定温度后，再进行铆接的方法，称为热铆。铆钉加热后塑性提高，容易成形，冷却后铆钉收缩，可增加结合强度。热铆应把孔径扩大 0.5~1mm，使铆钉加热后容易插入。一般直径大于 8mm 的钢质铆钉，常采用热铆的方法。

③ 混合铆：只把铆钉的铆合头端加热的铆接方法，称为混合铆。混合铆适用于细长的铆钉，其目的是避免铆接时铆钉杆弯曲变形。

2）铆钉及铆接工具：

① 铆钉按其制造材料不同，可分为钢质、铜质、铝质铆钉等。铆钉按其形状不同，分为平头、半圆头、沉头、半圆沉头、管状空心和皮带铆钉等。

② 铆钉一般要标出直径、长度和国家标准编号。例如：铆钉 5×20 GB 867—1986，表示直径为 ϕ5mm、长度为 20mm 的铆钉，国家标准编号为 GB 867—1986。

③ 铆接工具。手工铆接工具有锤子、压紧冲头、罩模和顶模。罩模用于铆接时镦出完整的铆合头；顶模用于铆接时顶住头，这样既有利于铆接，又不损伤铆钉圆头。

6. 装配

按照一定的精度标准和技术要求，将若干个零件组成部件或将若干个零件、部件组成机构或机器的工艺过程，称为装配。

（1）装配工艺规程的作用　装配工艺规程是指规定装配部件和整个产品的工艺过程，以及该过程中所使用的设备和工、夹、量具等的技术文件。

装配工艺规程是生产实践和科学实验的总结，是提高劳动生产率、保证产品质量的必要措施，是组织装配生产的重要依据。只有严格按工艺规程生产，才能保证装配工作的顺利进行，降低成本，增加经济效益。但装配工艺规程也应随生产力的发展而不断改进。

（2）装配工艺过程　装配工艺过程一般由以下 4 个部分组成。

1）装配前的准备工作：研究装配图及工艺文件、技术资料，了解产品结构，熟悉各零件、部件的作用、相互关系及连接方法，确定装配方法，准备所需要的工具。

2）对装配零件进行清洗，检查零件加工质量，对有特殊要求的应进行平衡或压力试验。

3）装配工作：对比较复杂的产品，其装配工作分为部件装配和总装配。

① 部件装配。凡是将两个以上零件组合在一起或将零件与几个组件结合在一起，成为一个单元的装配工作，称为部件装配。

② 总装配。将零件、部件结合成一台完整产品的装配工作，称为总装配。

4）调整、检验和试运行：

① 调整。调节零件或机构的相互位置、配合间隙、结合面松紧等，使机器或机构工作协调。

② 检验。检验机器或机构的几何精度和工作精度。

③ 试运行。试验机器或机构运转的灵活性、振动情况、工作温度、噪声、转速和功率等性能参数是否达到要求。

7. 固定连接

固定连接是装配中最基本的一种装配方法。常见的固定连接有螺纹连接、键连接、销连接、过盈连接和管道连接等。

（1）螺纹连接　螺纹连接是一种可拆卸的固定连接。它具有结构简单、连接可靠、装拆方便、成本低廉等优点，因此在机械制造中应用广泛。

1）螺纹连接的技术要求：为达到连接牢固可靠，拧紧螺纹时，必须有足够的力矩，对有预紧力要求的螺纹连接，其预紧力的大小可从工艺文件中查出；保证螺纹连接的配合精度；为防止在冲击负荷下螺纹出现松动现象，螺纹连接时必须有可靠的防松装置。

2）螺纹连接常用的工具：

① 螺钉旋具。它主要用来装拆头部开槽的螺钉。螺钉旋具有一字槽螺钉旋具、十字槽螺钉旋具、快速螺钉旋具和弯头螺钉旋具等。

② 扳手。它用来装拆六角形、正方形螺钉及各种螺母。扳手有通用扳手（活扳手）、专用扳手和特种扳手等。

通用扳手使用时应让固定钳口承受主要的作用力，扳手长度不可随意加长，以免损坏扳手和螺钉。

专用扳手只能拆装一种规格的螺母或螺钉。根据用途不同可分为呆扳手、整体扳手、成套套筒扳手、钳形扳手和内六角扳手等。

特种扳手是根据某些特殊需要制造的，如棘轮扳手，不仅使用方便，而且效率高。

3）螺母和螺钉的连接要点：

① 螺钉不能弯曲变形，螺钉、螺母应与机体接触良好。

② 被连接件应受力均匀，互相贴合，连接牢固。

③ 拧紧成组螺母时，需要按一定顺序逐次拧紧。拧紧原则一般为从中间向两边对称扩展。

螺纹连接在有冲击负荷作用或振动的场合时，应采用防松装置。常用的防松方法有用双螺母防松、用弹簧垫圈防松、用开口销与带槽螺母防松、用止动垫圈防松和用串联钢丝防松等。

（2）键连接　键连接是将轴和轴上零件通过键在圆周方向上固定，以传递转矩的一种装配方法。它具有结构简单、工作可靠和装拆方便等优点，因此在机械制造中被广泛应用。键连接根据装配时的松紧程度，可分为松键连接和紧键连接两大类。松键连接是靠键的侧面来传递转矩的，对轴上零件做圆周方向固定，不能承受轴向力。松键连接所采用的键有普通平键、导向键、半圆键和花键等。下面主要介绍一下平键连接。

1）平键连接的应用特点是依靠键的侧面传递转矩，对中性良好，装拆方便，适用于高速、高精度和承受变载冲击的场合，但不能实现轴上零件的轴向定位。

2）根据平键的头部形状不同，普通平键有圆头（A 型）、平头（B 型）和单圆头（C 型）三种。其中 A 型圆头平键，因为在键槽中不会发生轴向移动，所以应用最广，而 C 型单圆头平键，则多应用在轴的端部。

（3）销连接　销连接可起定位、连接和保险作用。销连接可靠，定位方便，拆装容易，再加上销钉本身制造简便，故销连接应用广泛。根据销钉的形状不同，可分为圆柱销连接和圆锥销连接。

1）圆柱销连接：圆柱销有定位、连接和传递转矩的作用。圆柱销连接属于过盈配合，不宜多次装拆。

圆柱销作为定位时，为保证配合精度，通常需要两孔同时钻、铰。

装配时应在销钉上涂以机油，用铜棒将销钉打入孔中。

2）圆锥销连接：圆锥销具有 1∶50 的锥度。它定位准确，可多次拆装。圆锥销连接时，被连接的两孔也应同时钻、铰出来，孔径大小以销钉自由插入孔中长度约 80% 为宜，然后用锤子打入即可。

（4）过盈连接　过盈连接是以包容件（孔）和被包容件（轴）配合后的过盈来达到紧固连接的一种连接方法。过盈连接有对中性好、承载能力强，并能承受一定冲击力等优点，但对配合面的精度要求较高，加工、安装、拆卸都比较困难。

过盈连接的装配方法如下。

1）压入法：利用锤子加垫块敲击压入或用压力机压入。

2）热胀法：利用物体热胀冷缩的原理，将孔加热使孔径增大，然后将轴装入孔中。

3）冷缩法：利用物体热胀冷缩的原理，将轴进行冷却，待轴径缩小后再把轴装入孔中。

1.4　节能基础知识

1987 年 9 月在加拿大的蒙特利尔市召开了专门性的国际会议，并签署了《关于消耗臭氧层的蒙特利尔协议书》，并于 1989 年 1 月 1 日起生效，对 R11、R12、R113、R114、R115、R502 及 R22 等 CFC 类氟利昂的生产进行限制。1990 年 6 月在伦敦召开了该协议书缔约国的第二次会议，增加了对全部 CFC、四氯化碳（CCl_4）和甲基氯仿（$C_2H_3Cl_3$）生产的限制，要求缔约国中的发达国家在 2000 年完全停止生产以上物质，发展中国家可推迟到 2010 年。另外对过渡性物质 HCFC 提出了 2020 年后的控制日程表。

节能环保制冷剂是一种不破坏臭氧层、无温室效应、可与常用制冷剂润滑油兼容的制冷工质。

为区分氟利昂对大气臭氧层的破坏程度，常将氟利昂分别用 CFC、HCFC、HFC、HC 代替。

CFC——氯氟化碳，含氯、不含氢，公害物，严重破坏臭氧层，禁用。

HCFC——氢氯氟化碳，含氯、含氢，低公害物，属于过渡性物质。

HFC——氢氟化碳，不含氯，无公害，可作为替代物。

HC——碳氢化合物，不含氯、不含氟、无公害，可作为替代物。

液氨是广泛应用的制冷剂，但它有毒性并且有爆炸燃烧危险；而氟利昂则具有破坏臭氧层的危险，早些年已被国家禁止。以环保安全的 CO_2 新技术，替代原有的液氨、氟利昂制冷等不安全制冷技术。CO_2 是一种环保物质，无色、无味、无毒，从热力性能角度来讲，在 $-55\sim20℃$ 的情况下，它是节省能耗的。

目前，国内市场上有多种常见的环保型制冷剂，如 R134a、R410A、R23 等。

1.4.1　R134a

R134a 是一种不含氯原子，对臭氧层不起破坏作用，具有良好的安全性能的制冷剂，其制冷量与效率与 R12 非常接近，所以被视为优秀的长期替代制冷剂。R134a 是目前国际公认的 R12 最佳的环保替代品，完全不破坏臭氧层，是当前世界绝大多数国家认可并推荐使用的环保制冷剂，也是目前主流的环保制冷剂，广泛用于新制冷空调设备上的初装和维修过程中的再添加。R134a 的毒性非常低，在空气中不可燃，安全类别为 A1，是很安全的制冷剂。

R134a 的化学稳定性很好，然而由于它的溶水性比 R22 高，所以对制冷系统不利，即使有少量水分存在，在润滑油等的作用下，将会产生酸、二氧化碳或一氧化碳，将对金属产生腐蚀作用，或产生"镀铜"作用，所以 R134a 对系统的干燥和清洁要求更高。R134a 对钢、铁、铜、铝等金属未发现有相互化学反应的现象，仅对锌有轻微的作用。

1.4.2　R410A

R410A 是一种新型环保制冷剂，其工作压力为普通 R22 的 1.6 倍左右，制冷（暖）效率高。R410A 新冷媒由两种准共沸的混合物 R32 和 R125 各 50%组成，主要由氢、氟和碳元素组成，具有稳定、无毒、性能优越等特点。同时由于不含氯元素，故不会与臭氧发生反应，即不会破坏臭氧层。另外，采用新冷媒的空调在性能方面也会有一定的提高。R410A 曾是国际公认的用来替代 R22 最合适的冷媒，并在欧美、日本等国家得到普及。

R410A 的优点在于可以根据具体的使用要求，对各种性质，如易燃性、容量、排气温度和效能加以考虑，量身合成一种制冷剂。R410A 外观无色，不浑浊，易挥发，沸点为-51.6℃，凝固点为-155℃，其主要特点如下：

1）不破坏臭氧层。分子式中不含氯元素，故其臭氧层破坏潜能值（ODP）为 0。其全球变暖系数值（GWP）为 2025。

2）毒性极低。

3）不可燃。空气中的可燃极性为 0。

4）化学和热稳定性高。

5）水分溶解性与 R22 几乎相同。

6）不与矿物油或烷基苯油相溶。

1.4.3　R23

R23（三氟甲烷）制冷剂是一种有机化合物，分子式为 CHF_3，其是无色、微味、不导电的气体，是理想的卤代烷替代物，别名氟利昂 23、F23、F-23、HFC23、HFC-23。由于 R23 属于 HFC 类物质，因此完全不破坏臭氧层，是世界上绝大多数国家认可并推荐使用的环保制冷剂，也是主流的环保制冷剂之一。

R23 作为广泛使用的超低温制冷剂，由于其良好的综合性能，使其成为一种非常有效和安全的 CFC13（R13）和 R503 的替代品，主要应用于环境试验箱/设备（冷热冲击试验机）、冻干机/冷冻干燥机、超低温冰箱或冷柜、血库冰箱、生化试验箱等深冷设备中（包括科研制

44

冷、医用制冷等），多见用于这些复叠式制冷系统的低温级。三氟甲烷同时还可用作气体灭火剂，是哈龙 1301 的理想替代品，具有清洁、低毒、灭火效果好等特点。

1.4.4　R744

R744 制冷剂，即二氧化碳，是一种碳氧化合物，化学式为 CO_2，分子量为 44.0095，常温常压下是一种无色无味而略有酸味的气体，也是一种常见的温室气体，占大气总体积的 0.03%～0.04%。在物理性质方面，二氧化碳的熔点为 -78.5℃，沸点为 -56.6℃，标准条件下，密度比空气密度大，溶于水。在化学性质方面，二氧化碳的化学性质不活泼，热稳定性很高，不能燃烧，通常也不支持燃烧。研究表明：低浓度的二氧化碳没有毒性，高浓度的二氧化碳则会使动物中毒。

二氧化碳主要应用于冷藏易腐败的食品（固态）、作为制冷剂（液态）、制造碳化软饮料（气态）和作为均相反应的溶剂（超临界状态）等。

复习思考题

1. 什么是电流、电压和电阻？
2. 简述基尔霍夫第一定律、基尔霍夫第二定律。
3. 简述各种图线的名称及作用。
4. 什么是三视图？
5. 简述螺纹的画法和标注方法。
6. 传动的类型有哪些？
7. 简述螺旋传动的特点。

制冷系统操作与调整

2.1 制冷系统运行调整的操作

2.1.1 热力膨胀阀的调整方法

制冷量调整一般用改变制冷系统制冷剂循环量的方法来实现，通常有三种方法：一是改变节流阀的流通截面积；二是改变压缩机的排气量；三是改变压缩机气阀流通面积。

多数制冷设备用手动方法调节节流阀的开启度，以此实现流量的改变，使进入制冷系统蒸发器的制冷剂流量发生改变，从而达到改变制冷量的目的。

改变压缩机的排气量，要根据不同压缩机的结构确定操作方法，对多缸往复活塞式压缩机，可用改变气缸的工作数目来改变制冷剂的循环量，这种操作采用专门的卸载机构来改变压缩机气缸的工作数目，从而实现排气量的改变。

上述方法可以根据实际情况灵活运用，调节时应注意防止制冷剂流量变化过大而引起液击现象。对于多个并联蒸发器供液的同一个供液系统而言，进行制冷量分配的操作时，要根据各个蒸发器不同的需要来进行。

在多个并联蒸发器的工作方式中，各个蒸发器都由热力膨胀阀和背压阀共同控制流量，使制冷剂的流量能适应蒸发器的实际需要，同时可以控制各个蒸发器的蒸发温度。

膨胀阀是制冷系统的四大组件之一，是调节和控制制冷剂流量和压力进入蒸发器的重要装置，也是高低压侧的"分界线"。膨胀阀的调节，不仅关系到整个制冷系统能否正常运行，而且也是衡量操作者专业技术水平高低的重要标志。

例如：所测冷库温度为-15℃，蒸发温度比冷库温度低5℃左右，即-20℃，对照 R22 制冷剂温度压力对照表，相对应的压力约为 0.145MPa。

调节膨胀阀必须要仔细耐心地进行，调节压力必须经过蒸发器与冷库温度产生热交换沸腾（蒸发）后，再通过管路进入压缩机吸气腔反映到压力表上，需要一个时间过程。每调整膨胀阀一次，一般需 15~30min 的时间才能将膨胀阀的调节压力数据的稳定值反映在低压（吸气）压力表上。

压缩机的吸气压力是膨胀阀调节压力的重要参考参数。因为如果热力膨胀阀开启度太小，就会造成供液量不足，使得没有足够的氟利昂在蒸发器内蒸发，制冷剂在蒸发器管路内流动的途中就已经蒸发完了，在这以后的一段，蒸发器管路中没有液体制冷剂可供蒸发，只有制冷剂蒸气被过热。因此，相当一部分的蒸发器未能充分发挥其效能，造成制冷量不足，降低了设备的制冷效果。如果热力膨胀阀开启度不够，轻者由于系统的回压缩机的气体减少，造成低压端吸气压力太低，使制冷压缩机因低压过低而停机；重者由于制冷剂蒸气过热度过大，使压缩机冷却作用降低，压缩机的排气温度会增高，润滑油变稀，润滑质量降低，压缩机的工作环境恶化，会严重影响压缩机的工作寿命甚至烧毁压缩机。另外，被冷却介质温度降不下来，又增加了压缩机的运行时间，也增加了耗电量。

与此相反，如果热力膨胀阀开启过大，即热力膨胀阀向蒸发器的供液量大于蒸发器负荷，会造成部分制冷剂来不及在蒸发器内蒸发，同气态制冷剂一起进入压缩机，引起液击，甚至冲缸事故，进而损坏压缩机。同时，热力膨胀阀开启过大，使蒸发温度升高，制冷量下降，压缩机功耗增加，增加了耗电量。因此，有必要定期检查及调整热力膨胀阀，尽量让热力膨胀阀工作在最佳匹配点。

热力膨胀阀的调整工作，必须在制冷装置正常运行状态下进行。由于蒸发器表面无法放置测温计，可以利用压缩机的吸气压力作为蒸发器内的饱和压力，查找相应制冷剂的压焓图得到近似蒸发温度。用测温计测出回气管的温度，与蒸发温度对比来校核过热度。调整中，如果感到过热度太小，则可把调节螺杆按顺时针方向转动（即增大弹簧力，减小热力膨胀阀开启度），使流量减小；反之，若感到过热度太大，即供液量不足，则可把调节螺杆朝相反方向（逆时针）转动，使流量增大。由于实际工作中的热力膨胀阀感温系统存在着一定的热惯性，造成信号传递滞后，待运行基本稳定后方可进行下一次调整。因此，整个调整过程必须耐心细致，调节螺杆转动的圈数一次不宜过多过快（直杆式热力膨胀阀的调节螺杆转动一圈，过热度变化 1~2℃）。

正确调整膨胀阀对系统的运行显得尤为重要。为减小膨胀阀调节后的压力及温度损失，膨胀阀尽可能安装在冷库入口处的水平管道上，感温包应包扎在回气管（低压管）的侧面中央位置。

热力膨胀阀偏离工作点的情况通常发生在使用寿命的中后期，因此，决定对热力膨胀阀的检查与调整应放在其使用寿命的中后期。热力膨胀阀检查周期可以这样设定：使用前 4 年 2 次/年，5~8 年 3 次/年，第 9 年以后每年 3 次以上。

膨胀阀在正常工作时，阀体结霜呈斜形，入口侧不应结霜，否则应视为入口滤网存在冰堵或脏堵。在正常情况下，膨胀阀工作时如果发出较明显的"丝丝"声，说明系统中制冷剂不足。当膨胀阀出现感温系统漏气、调节失灵等故障时应予以更换。

采用活塞式压缩机的制冷系统运行中的工况要求如下：

1）压缩机的吸气温度应比蒸发温度高 5~15℃。

2）对于压缩机的排气温度：使用 R12 为制冷剂的系统不得超过 130℃，使用 R717 和 R22 为制冷剂的系统不得超过 150℃。

3）压缩机曲轴箱的油温最高不得超过 70℃。

4）压缩机的吸气压力应与蒸发压力相对应。

5）对于压缩机的排气压力：使用 R12 为制冷剂的系统不得超过 1.3MPa，使用 R717 为制冷剂的系统不得超过 1.5MPa，使用 R22 为制冷剂的系统不得超过 1.7MPa。

6）压缩机的油压比吸气压力高 0.15~0.3MPa。

7）经常注意冷却水量和水温，冷凝器的出水温度应比进水温度高出 3℃左右。

8）经常注意压缩机曲轴箱的油面和油分离器的回油情况。

9）压缩机不应有任何敲击声，机体各部发热应正常。

10）冷凝压力不得超过压缩机的排气压力范围。

2.1.2 压力继电器的调整方法

压力继电器是由电信号控制的电路开关。当压缩机的排气压力超过整定值或吸气压力低于整定值时，它能切断电路，保护压缩机安全运行。在中小型制冷装置中，一般使用高、低压为一体的压力继电器。制冷系统常用的压力继电器一般由高低压波纹管、平衡弹簧、杠杆机构、幅差调节机构和电触点等部分组成。当压力变化时，波纹管产生伸缩变形，通过杠杆机构推动电触点切断或接通电路。

压力继电器的调整方法如下：

（1）低压压力的调整　根据需要的蒸发温度对应的压力值调节低压调整螺钉：当需要较高的蒸发温度时，可用螺钉旋具逆时针方向旋转低压调整螺钉；当需要较低的蒸发温度时，可用螺钉旋具顺时针方向旋转低压调整螺钉。

（2）高压压力的调整　为保证制冷装置运行的安全，压力继电器大多数用于水冷式冷凝器的制冷机中，其作用主要是防止冷却水中断，或冷却水流量不足时引起的冷凝压力突然快速升高。高压值一般调整在 $1 \sim 1.1 \mathrm{MPa}$。调整时用螺钉旋具将高压调整螺钉顺时针方向旋转则压力值升高，逆时针方向旋转则压力值降低。

2.1.3 温度控制器的调整方法

中小型制冷系统中使用的压力式温度控制器常用的有 WTZK-50 系列和 WTQK 系列。

（1）WTZK-50 系列温度控制器的工作原理与调整方法　感温包和波纹管室中的感温剂感受到被测介质的温度变化后，感温剂的饱和压力作用于波纹管室，此时波纹管室产生的顶力矩与主弹簧产生的弹性力矩的差值也发生变化，杠杆便在该力矩差值的推动下转动，当转动一定角度后，杠杆将遇到差动器中幅差弹簧的作用。因此杠杆在转动时，波纹管室所产生的顶力矩，不仅要克服主弹簧的反向力矩，而且要克服幅差弹簧的反向力矩。当杠杆转动达到一定角度时，拨臂才能拨动动触头，使其迅速动作。

WTZK-50 系列温度控制器的主弹簧也称为定值弹簧，其拉力大小的调整就是设定所需温度的下限值，即设定的停机温度值。其调整方法是用螺钉旋具调整螺杆，其数值可从指针所指标尺的数值上看出来。

差动器中的幅差弹簧是调整回差值的。被测量的制冷装置因工作温度降低到所需的数值后而停机，但温度上升后，不是一超过设定温度值的下限就开机，而是允许温度回升几度再开机，这一允许回升值就称为回差值。它可通过旋转差动旋钮来调整。更准确地说，调整幅差弹簧压力的大小，就是设定温度控制器从触头断开状态到闭合状态的温度差值。

（2）WTQK 系列温度控制器的工作原理与调整方法　当被测工质的温度低于设定温度最低值时，弹簧推动顶杆下移，调节套驱动微动开关动作，控制回路被切断。而当被测工质的温度上升后，感温包内压力不断增加，波纹管被压缩，并通过顶杆压缩弹簧使差动调节件向

制冷工（高级）

上移动，驱动微动开关动作，接通控制回路。

在使用时，通过调节旋钮可以改变调节弹簧的弹力，便可以改变温度控制器断开时的温度值。调节弹簧的弹力越大，微动开关断开的温度值就越高。差动调节件可以改变它与调节套之间的间隙，间隙越大，微动开关触头闭合温度与断开温度差值就越大，因此差动调节件控制了欲控温度的最高值。

2.2 制冷系统长短期停机的操作

48

2.2.1 制冷系统长期停机的技术要求

压缩机的长期停机是指停机几个月或更长时间。制冷设备在长期停机期间，一般不处于待用状态，故可进行较多保养工作。设备检修一般也安排在长期停机期间。

活塞式制冷压缩机长期停机的技术要求如下：

（1）按操作程序关机，防止制冷剂泄漏 活塞式制冷压缩机停机时间较长时，为防止制冷剂泄漏损失，在停机时应先关闭供液阀，把制冷剂收进储液器或冷凝器内，然后切断电源进行保养。低压阀门普遍关闭不严，停机后会有少量制冷剂从高压侧返回低压侧（压力平衡后返回停止），为防止泄漏，必要时可将吸、排气阀门与管路连接的法兰拆开，加装盲板使压缩机与系统脱开。

（2）曲轴箱润滑油的检查 经检查润滑油若没有污染变质，可把润滑油放出，清洗曲轴箱、油过滤器，然后再把润滑油加入曲轴箱内。若油量不足应补充到位。对于新运行的机组，应把润滑油全部换掉，换油后油加热器可不投入工作，待开机时根据规定提前对油加热。开启式压缩机停机期间可定期用手盘车，将润滑油压入机组润滑部位，保证轴承的润滑和轴封的密封用油，并可防止因缺乏润滑油引起的锈蚀。

（3）检查、清洗或更换进、排气阀片 压缩机气阀，尤其是排气阀片可能因疲劳而变形和产生裂纹，也可能因排气温度过高，润滑油积炭或其他脏物垫在阀片与阀座的密封线上，造成关闭不严。保养时应打开缸盖进行检查，发现有变形、裂纹时必须进行更换，并对阀组进行清洗和密封性试验。采用阀板结构的气阀，应检查阀板上阀片定位销、固定螺栓、锁紧螺母是否松动，阀板高低压隔腔垫是否被损坏，并进行阀片的密封性试验。

（4）检查压缩机连杆 检查连杆螺栓有无松动或裂纹，防松垫片或开口螺母上的定位销有无松动或折断。换下的定位销按规定不能重复使用，应更换新定位销。

（5）检查及清洗轴封组件 开启式压缩机多采用摩擦环式轴封，保养时应对轴封进行彻底清洗，不允许动环与静环密封面上有凹坑或划痕。同时检查密封橡胶圈的膨胀变形，更换时应采用耐氟、耐油的丁腈橡胶，不允许使用天然橡胶密封圈。轴封组件中的弹簧是关键零件，弹力过大、过小都是不合适的。保养时，将轴封套入轴上到位后，在弹力的作用下应能缓慢弹出才为合适，否则很难保证轴封不发生泄漏。

（6）检查与清洗卸载机构 检查及清洗卸载机构，特别是对顶开吸气阀片的顶杆应进行长度测量。顶杆长短不齐会造成工作时阀片不能很好地顶开或落下，这一点往往被忽视，应引起注意。

（7）检查缸盖、端盖上的螺栓　检查所有固定缸盖、端盖的螺栓有无松动或损坏。在运行中受压的螺栓不允许加力紧固，所以保养时应进行全面检查。为使螺栓受力均匀，应采用扭力扳手，禁止用加长力臂（在扳手上加套管）紧固螺栓。

（8）检查联轴器的同轴度　由于振动或紧固螺栓的松动，联轴器的轴线会发生偏移，造成振动、减振橡胶套的磨损加快、轴承温度上升、出现异常噪声。出现上述情况应进行检查和修复。

（9）安全保护装置的检查　机组上的油压差控制器、高低压控制器、安全阀等保护装置都直接与机组连接，是非常重要的保护装置。在规定压力或温度下不动作时，应对其设定值进行重新调整。

（10）校验各指示仪表　保证各指示仪表准确无误。

（11）全面检查冷却系统　清理水池、冲洗管道、清除冷凝器及压缩机水套中的污垢及杂物。

经过保养的制冷压缩机运行前必须进行气密性试验，确保密封性能良好，运行安全。

2.2.2　制冷系统短期停机的技术要求

活塞式制冷压缩机的短期停机是指停机数天或数个星期。活塞式制冷压缩机短期停机时要做好以下几方面的工作：慢慢关闭制冷压缩机的吸气截止阀，关闭供液控制截止阀；随着曲轴箱内压力的降低，按次序进行能量卸载；当曲轴箱内的压力下降到规定值时，停止制冷压缩机运转；把选择开关拨到停止位置；关闭制冷压缩机的排气截止阀；关闭冷凝器的出液阀和进出水阀，停止水泵运转；自控机组可在短期停机时不关阀门。

活塞式制冷压缩机短期停机时的技术要求如下：

（1）设备外表面的擦洗要求　无锈蚀、无油污，漆见本色铁见光。

（2）检查压缩机地脚螺钉、紧固螺栓　主要是看其是否松动。

（3）检查压缩机联轴器是否牢靠，传动带是否完好，松紧度是否合适　对于采用联轴器连接传动的开启式制冷压缩机，停机后应通过对联轴器减振橡胶套磨损情况的检查，判断压缩机与电动机轴的同轴度是否超出规定，如超出规定值，应卸下电动机紧固螺栓，以压缩机轴为基准，用百分表重新找正，然后将紧固螺栓拧紧。

（4）检查压缩机润滑系统　保证系统润滑油量适当，油路畅通，油标醒目。若润滑油量不足应补充到位。加注润滑油前，应检查润滑油是否污染变质，若润滑油已污染变质，应进行彻底更换，并清洗油过滤器、油箱、油冷却器、输油管道等装置。

（5）系统制冷剂的补充　压缩机停机后应检查高压储液器的液位。当液位偏低时，应通过加液阀进行补充。中、小型活塞式制冷压缩机一般不设高压储液器，可根据运行记录判断制冷剂的循环量，决定是否需要补充制冷剂。

（6）油加热器的管理　大、中型活塞式制冷压缩机曲轴箱底部装有油加热器，停机后不允许停止油加热器的工作，应继续对润滑油加热，保证油温不低于30℃。清洗油过滤器、输油管道及更换润滑油时必须切断电源，可先停止油加热器的工作，待清洗工作结束后再恢复油加热器的工作，不允许先放油再停止油加热器工作，否则有烧坏油加热器的可能。清洗时，应注意对油加热器的保护，防止碰坏。必要时可用万用表欧姆档测量油加热器电热丝的电阻值，没有阻值或阻值无穷大时，说明电热丝已短路或断路，应进行更换。

（7）冷却水、冷冻水的管理　压缩机停机后应将冷却水全部放掉，清洗水过滤网，检修运行时漏水、渗水的阀门和水管接头。对于冷冻水，在确认水质符合要求后可不放掉，若水量不足，可补充新水并按比例添加缓蚀剂。停机时间安排在冬季时，必须将系统中所有积水全部放净，防止冻裂事故发生。油冷却器、氨压缩机气缸水套另设供水回路时，应同时将积水放净。

（8）泄漏检查　停机期间，必须对机组所有密封部位进行泄漏检查，尤其是开启式压缩机的轴封，更应仔细进行检查。除采用洗涤剂（或肥皂液）、卤素灯进行检查外，还应对紧固螺栓、外套螺母进行防松检查。对于半封闭压缩机，电动机引线接线柱处的密封也需注意检查。

（9）卸载装置的检查　压缩机短期停机时，只对卸载装置的能量调节阀和电磁阀进行检查，发现连接电磁阀的铜管、外套螺母等处有油迹时应进行修补，同时对连接铜管进行吹污操作，并对供油电磁阀进行"开启"和"关闭"试验，确保其正常工作。检查电磁阀时，可根据电磁阀线圈的额定工作电压，用外接电源进行检查。

（10）阀片密封性能的检查　压缩机停机时应对吸、排气阀片进行密封性能的检查，同时检查阀座密封线有无脏物或磨损，检查的同时应进行清洗。阀片变形、有裂纹、积炭时应予更换，新更换的阀片应与密封线进行对研，确保密封性能良好。

2.2.3　制冷系统长期停机的安全要求

为保证机组的安全，在季节性长期停机时，可按以下方法进行停机操作。

1）在机组正常运行时，关闭机组的电源。

2）将停止运行后的冷凝器、蒸发器中的水放掉，并放干净残存水，以防冬季时冻坏其内部的传热管。

3）关闭好机组中的有关阀门，检查是否有泄漏现象。

2.2.4　制冷系统长期停机后再启动的操作规程

制冷系统长期停机后再启动的操作规程如下：

1）检查压缩机曲轴箱的油位是否符合要求，油质是否清洁。

2）通过储液器的液面指示器观察制冷剂的液位是否正常，一般要求液面高度应在视液镜的 $1/3 \sim 2/3$ 处。

3）开启压缩机排气阀及高、低压系统中的有关阀门，但压缩机吸气阀和储液器上的出液阀可暂不开启。

4）检查制冷压缩机组周围及运转部件附近有无妨碍运转的因素或障碍物。对于开启式压缩机，可用手盘动联轴器数圈，检查有无异常。

5）对具有手动卸载-能量调节的压缩机，应将能量调节阀的控制手柄放在最小能量位置。

6）接通电源，检查电源电压。

7）开启冷却水泵（冷凝器冷却水、气缸冷却水、润滑油冷却水等）。对于风冷式机组，开启风机运行。

8）调整压缩机高、低压力继电器及温度控制器的设定值，使其设定值在所要求的范围内。压力继电器的压力设定值应根据系统所使用的制冷剂、运转工况和冷却方式而定，一般在使用 R12 为制冷剂时，高压设定范围为 1.3～1.5MPa；在使用 R22 为制冷剂时，高压设定范围为 1.5～1.7MPa。

9）起动准备工作结束以后，向压缩机电动机瞬时通、断电，点动压缩机运行 2～3 次，观察压缩机、电动机起动状态和转向，确认正常后，重新合闸正式起动压缩机。

10）压缩机正式起动后逐渐开启压缩机的吸气阀，注意防止出现液击的情况。

11）同时缓慢打开储液器的出液阀，向系统供液，待压缩机起动过程完毕，运行正常后将出液阀开至最大。

51

12）对具有手动卸载-能量调节的压缩机，待压缩机运行稳定以后，应逐步调节卸载-能量调节机构，即每隔 15min 左右转换一个档位，直至达到所要求的档位为止。

13）在压缩机起动过程中应注意观察：压缩机运转时的振动情况是否正常；系统的高低压及油压是否正常；电磁阀、自动卸载-能量调节阀、膨胀阀等工作是否正常等。

2.3　制冷系统气密性试验

2.3.1　氨制冷系统气密性试验的技术要求

1）气密性试验应使用干燥的空气。当设计文件对试验压力无规定时，高压部分应采用 1.8MPa（表压），中压部分和低压部分应采用 1.2MPa（表压）进行试压。

2）系统气密性试验可采用空气压缩机进行。压力逐级缓升至规定试验压力的 10%，且不超过 0.05MPa 时，保压 5min，然后对所有焊接接头和连接部位进行初次泄漏检查，如有泄漏，则应将系统同大气连通后进行修补并重新试验，经初次泄漏检查合格后再继续缓慢升至试验压力的 50%，进行检查，如无泄漏及异常现象，继续按试验压力的 10% 逐级升压，每级稳压 3min，直至达到试验压力。保压 10min 后，将肥皂水或其他发泡剂涂抹在焊缝、法兰等连接处检查有无泄漏。

3）对于制冷压缩机、氨泵、液位控制器等设备，控制元件在试压时要暂时隔开。系统开始施压时应将玻璃板液位指示器两端的阀门关闭，待压力稳定后再逐步打开两端的阀门。

4）系统充气至规定的试验压力，保压 6h 后开始记录压力表读数，经 24h 后再检查压力表的读数，其压力降按 SBJ 12-2011《氨制冷系统安装工程施工及验收规范》进行计算，应不大于试验压力的 1%，当压力降超过以上规定时，应查明原因，消除泄漏，并应重新试验，直至合格。

5）气密性试验前要将不参与试验的设备、仪表及管道附件予以隔离。

制冷系统的压力可分为高压段和低压段两部分：从制冷压缩机到总调节站的节流阀前为高压段，试验压力为 1.764MPa；从节流阀到制冷压缩机吸气管为低压段，试验压力为 1.176MPa。以 6h 内压力下降不大于 0.0294MPa，以后 8h 内压力不再下降为合格。

中间冷却器试验压力为 1.176MPa。试验时，应将氨泵、低压球阀及低压球液位指示器隔开，将液位指示器玻璃管两端角阀关闭，待压力稳定后再逐步打开。

2.3.2 氟利昂制冷系统气密性试验的技术要求

制冷系统的试压又称为气密性试验，一般在系统吹污结束后进行。氟利昂制冷系统的试压工作一般要求如下：

1）氟利昂制冷系统的试压宜采用空气压缩机，压缩空气进入系统前应经过储气罐，以减少水汽进入系统；若无空气压缩机，可指定 1 台制冷压缩机代替。氟利昂制冷系统的试压宜采用氮气或 CO_2 气体进行试漏，不宜使用压缩空气，以免向系统内带入水分。

2）氮气钢瓶满瓶时的压力为 15MPa，试压时钢瓶口应装有减压阀，以便控制充气压力，确保安全操作。

3）制冷系统气密性试验时间为 24h，前 6h 因系统内气体冷却而允许下降 0.02 ~ 0.03MPa，后 18h 当设备环境温度不变时以压力不下降为合格。

4）试压前先将氨泵、液位控制器等有关阀门全部关闭，以防损坏。玻璃管液位器应采用 1.8MPa 高压玻璃管，开始试压时应关闭玻璃管两端的阀门，待压力稳定后再逐步开启两端的阀门。

5）若使用制冷压缩机进行试压，其排气温度不能超过 120℃，吸、排气压力差不能超过 1.2MPa，严禁用堵塞安全阀的办法提高压力差。试压过程中应逐渐升压，间断进行，每次升压应大于 0.5MPa，以便冷却。应先把整个系统的压力升到低压系统的试验压力，待试压合格后关闭低压系统之间的阀门，再使高压系统逐渐达到试验压力。

6）试压不合格时应全面检查制冷系统，找出泄漏点，加以修补，然后再次试压，直至合格为止。

2.3.3 制冷系统抽真空的技术规程

抽真空是制冷设备维修过程中充注制冷剂前的一个必不可少的重要工序。

制冷系统抽真空的作用：一是除去系统中的不凝性气体，不凝性气体会使系统冷凝压力升高，排气温度升高，影响制冷效果，还可能导致润滑油高温下碳化，危害压缩机的正常运行，甚至烧坏压缩机电动机线圈；二是除去系统中的水分，水分是氟利昂制冷系统中的安全隐患，首先润滑油与水分作用会生成酸，腐蚀系统，同时造成铜镀现象，损坏压缩机，同时水分会造成膨胀阀阀口或毛细管内结冰，出现冰堵。

制冷系统抽真空操作应在系统清洗、排污和试压检漏后进行。抽真空既可以进一步对制冷系统进行气密性检查，又可以排除系统中的空气、水分和其他不凝性气体，为系统充注制冷剂做好准备。

制冷系统抽真空有两种操作方法：一是用真空泵抽真空，二是用压缩机自身抽真空。

1. 用真空泵抽真空的操作方法

1）关闭制冷系统与外界相通的阀门（如充注阀、放空气阀等），打开系统内部连通的所有阀门。

2）旋下排气阀的旁通孔螺塞，打开旁通孔道，并将真空泵接上。

3）起动真空泵进行抽气操作，由于系统中的空气很难抽尽，为了达到一定的真空度，抽真空操作要分多次进行，其间隔 10min 左右，以使系统内的压力均衡。氨制冷系统抽真空的剩余压力应小于 7.999kPa（60mmHg），氟利昂制冷系统抽真空的剩余压力应小于 1.333kPa（10mmHg）。

4）真空度达到标准后，先关闭旁通孔道，再停真空泵，然后拆下抽气管，旋上排气阀旁通孔螺塞。

5）抽真空后应保持 24h，系统内升压不超过 666.61Pa（5mmHg）为合格。若压力上升较快，则应及时查明原因并加以消除。

2. 用压缩机自身抽真空的操作方法

1）关闭吸气阀、排气阀，旋下排气阀上的旁通孔螺塞，装上排气管，打开旁通孔道，以便排放空气。

2）关闭系统中与大气相通的阀门（如充注阀、放空气阀等），打开系统中其他所有阀门。

3）若系统冷凝器为水冷冷凝器，则应放尽冷凝器中的冷却水，否则会因冷却水温度较低而使系统内的水分不易蒸发，难以被抽尽。

4）将油压控制器和低压控制器的接点强制接通，起动压缩机运行，待油压正常后慢慢打开吸气阀，将能量调节装置放在最小一档。由于制冷压缩机的排空阀通径较小，所以要求开始时吸气阀不能开得很大，能量调节装置也不能放在高档，随着系统内的压力不断降低，可逐渐开大吸气阀并逐步加载，增加吸气量。在抽气过程中，制冷压缩机的油压不得低于 50kPa。

5）抽真空时应采用间断操作法，在压缩机连续抽气至听不到气流声时，将排气管浸入盛有冷冻润滑油的油杯中，观察管口冒泡情况。若 5min 内无气泡冒出，可认为系统内气体已基本抽完。若排气管口长时间有气泡冒出，则说明压缩机本身或系统有泄漏，应予以检查排除。检查时，先关闭压缩机的吸气阀，检查压缩机自身是否泄漏。若压缩机没有泄漏处，则盛油容器里就不出现气泡，同时也说明泄漏处在制冷系统中；若压缩机有泄漏处，气泡就会连续产生，出现这种问题，往往是轴封不密合所造成的。如果气泡开始时较大，然后逐渐变小，气泡出现的间隔时间也越来越长，这说明轴封从密封不严，到密封逐渐严密。若发现管端（插入面不深的情况下）出现冷冻润滑油反复吸进吐出的现象，将管端插到油内深处就看不到此现象，这种情况一般由阀片密封不严所致，待压缩机工作一段时间后会逐步好转。

待抽真空完毕，应先关闭排空孔道，然后再停机，以防止停机后因阀片不密合而出现空气倒流现象。

3. 抽真空注意事项

1）当真空度抽至 8.659kPa 时，压缩机的油压已经很低，不能再继续抽真空。

2）在使用压缩机自身抽真空的过程中，假如压缩机自身带润滑油泵，则随着系统内真空度的提高会使润滑油泵工作条件不断恶化，引起压缩机运动部件的损坏，所以当油压（指压差）小于 26.7kPa 时，应立即停止压缩机工作。

3）抽真空结束后要对压缩机进行拆洗，更换新的润滑油。

2.3.4　制冷系统排污操作方法

整个制冷系统是一个密封、清洁的系统，系统内不得有任何杂物，管道安装后必须采用洁净干燥的空气对整个系统进行吹污，将残存在系统内部的金属屑、焊渣、泥沙等杂物吹净。

制冷系统安装后进行吹污的方法是：分段进行制冷系统的吹污。先吹制冷系统高压部分存在的污垢，再吹制冷系统低压部分的污垢。制冷系统的排污口应分别选择在各段的最低点，每段的排污口应事先用木塞堵上（为安全起见，木塞用铁丝固定或用麻袋套木塞，以防水塞飞出伤人）。具体操作步骤如下。

第一步是将压缩机高压截止阀备用孔道与氮气瓶之间用耐压管道连接好，把干燥过滤器从系统上拆下，打开氮气瓶阀，用 0.6MPa 表压力的氮气吹系统的高压部分，待充压至 0.6MPa 表压以后，停止充气。制冷系统吹污气体可用阀门控制，也可采用木塞塞紧排污口的方法控制。当采用木塞塞紧排污口的方法时，在气体压力达到 0.6MPa 时，将木塞拔掉，利用高速气流将系统中的污物排出，操作中应注意避免木塞冲出伤人。

当气流冲出时，用一张白纸放在出气口，用于检测有无污物。视白纸的清洁程度而定，若白纸比较清洁，表明污物已随气体冲出，此时可停止吹污操作。

第二步是将压缩机低压截止阀备用孔道与氮气瓶之间用耐压管道连接好，仍用干燥过滤器接口为检测口，打开氮气瓶阀，用 0.6MPa 表压力的氮气吹系统的低压部分，仍用白纸放在出气口检测有无污物，确认没有污物后，吹污过程方可结束。完成制冷系统吹污后，应进行压力试漏工作。

2.3.5 制冷系统压力试漏的操作方法

制冷系统维护完毕或压缩机管路安装完毕后，在充注制冷剂之前，应对压缩机及制冷系统管路进行压力试漏检查。

压力试漏可用氮气或使用空气压缩机中的压缩空气进行。氟利昂制冷系统一般不要使用压缩空气进行试压，以免混入水分，最好用干燥氮气进行压力试漏。

压力试验的操作步骤如下。

1）关闭压缩机的吸、排气截止阀，使压缩机与管路系统隔开。

2）在高压部分的适当部位，至少安装一只高压压力表，压力表的读数范围应为最高试验压力的 1.5~2 倍。

3）关闭冷凝器和储液器安全阀前的截止阀及通往大气的各阀（如放空阀、充液阀等）。

4）对自动控制的氟利昂制冷系统，应卸下自动控制阀及膨胀阀的外部平衡管等不需加压部位，并适当保护。

5）关闭膨胀阀入口处的截止阀，以断开制冷系统高压部分和低压部分。

6）系统管路各阀全部开启，电磁阀可通电或用其他方法开启。

7）用瓶装氮气气体加压时，氮气瓶应垂直立放，并且安装好减压器，在减压器与制冷压缩机之间的管道上还需另装一只带控制阀的压力表，以便调整压力用。

8）打开试漏气体气瓶的阀门或开动空气压缩机逐渐加压，当压力达到约 0.5MPa（表压）时，应停止加压，检查系统是否有泄漏或其他不正常现象。一切正常时，再继续加压，使压力值达到低压试验压力。

9）在试验压力下，检查低压部分有无泄漏。在所有容易产生泄漏的各接头、法兰、焊缝等连接处涂肥皂水检查（也可用其他发泡液）。

10）全系统（包括高压部分）经低压压力试验不漏时，关闭低压部分充气阀，然后只将高压部分加压到高压试验压力，并检查高压部分的泄漏点，其中包括冷凝器、储液器、油分离器等高压容器。

11）发现泄漏后，不能带压力进行焊接或修理操作。如果泄漏出现在焊缝处，其修补次数不得超过两次，否则必须处理干净后重新焊接。修复后，还需重复试压，直至不漏为止。

12）未发现泄漏时，保持压力 24h，前 6h 压力允许下降 0.02MPa（表压），后 18 h 压力应保持不变。若由于环境温度变化而产生压力降，应根据温度变化情况进行修正，一般温度变化 5℃，压力允许波动范围为±0.19MPa。

13）确认制冷系统没有泄漏部位后，从系统位置最低的设备底部的放气阀把气体放掉。

2.3.6 制冷系统抽真空的操作方法

当制冷系统完成试压查漏等试验工作，还应进一步检查制冷系统和设备的严密性，并为充注制冷剂做好准备而进行抽真空操作。对制冷系统进行抽真空操作时，还可将系统内残存的水分经汽化后排出。

抽真空可以采用制冷系统本身的制冷压缩机或另备真空泵的方法。

（1）利用制冷压缩机自身抽真空的操作方法　首先应打开制冷系统上所有的阀门，关闭与大气相通的阀门，关闭制冷压缩机上的高压阀，打开低压阀和压缩机上的排气堵头，起动压缩机，使系统内的空气从排气堵头处排出。在抽真空时，要注意油压表的压力值，当达到零值时，应立即使压缩机停止工作，待各部位温度下降后再起动压缩机。当达到 730mmHg（97.3kPa）时即可进行真空度检查。试验时，使用一根橡胶管，将其一端接至压缩机的排气口，另一端浸没在盛有润滑油的容器中，当容器内无气泡上升时，说明真空度已达到要求，此时应关闭压缩机，安装好排气堵头并保持 12h，真空度无变化为合格。

（2）采用真空泵抽真空的操作方法　将真空泵的吸入口管道与加氨管道连接，起动真空泵运行，使系统内的空气从真空泵的排气口排出。抽真空时应注意打开系统上的阀门，打开氨压缩机上排气阀门，关闭与大气相通的阀门。达到真空要求后，拆除真空泵，等待下一步充氨制冷剂的工作程序。

2.4　制冷系统的组成与工作原理

2.4.1　双级压缩制冷系统的组成与工作原理

1. 采用两级压缩的原因

由于生产和技术上的需要，对制冷温度的要求越来越低，而单级制冷循环在选用合适的制冷剂时，其蒸发温度只能达到-35～-25℃。如果要获得更低的温度，单级压缩制冷机就无法实现了，其主要原因是压缩比 p_k/p_0 的过分提高会带来下列困难。

1）随着蒸发温度的降低，蒸发压力 p_0 也相应下降，相应的压缩比 p_k/p_0 值就增大（假定冷凝温度变化不大，即冷凝压力 p_k 变化不大），压缩机的输气量减少，导致制冷量大大下降。

2）压缩比 p_k/p_o 升高，使压缩机排气温度升高，气缸壁温度上升。这一方面使吸入蒸气的温度升高，比容增加，吸气量下降；另一方面使润滑条件恶化，压缩机运转发生困难。例如：当冷凝温度为40℃，蒸发温度为-30℃时，单级氨制冷压缩机的排气温度可达160℃以上。显然，不允许有这样高的排气温度。通常情况下，压缩机的排气温度应做如下限制：R717（NH₃）<140℃；R12<100℃；R22<110℃。

3）压缩比 p_k/p_o 增大，使实际压缩过程与理想等熵压缩过程偏离程度增大，压缩机效率下降。

根据上述分析不难看出，单级压缩制冷机的压缩比不宜过大，它能达到的蒸发温度也是有限制的。

单级压缩制冷机所能达到的最大压缩比与机器的设计性能、制造质量、运行条件（气缸的冷却条件）、制冷剂种类等有关，一般要求压缩比为8~10。

2. 双级压缩制冷循环系统

压缩机的冷凝温度取决于环境温度及冷凝器的传热温差，蒸发温度取决于被冷却物体的需要温度及蒸发器的传热温差。当冷凝温度过高、蒸发温度过低时，压力差就会增大，压力比也增大，压缩机的输气系数减小，排气温度升高，制冷系数减小。

根据压缩机的使用情况，确定压力差和压力比来选择是用单级还是用双级。双级压缩制冷系统的特点是压缩过程分两个阶段进行，并在高压级与低压级之间设有中间冷却器。根据节流级数和中间冷却程度的不同，双级压缩制冷循环一般有5种形式。

1）一级节流、中间完全冷却的双级压缩制冷循环。

2）一级节流、中间不完全冷却的双级压缩制冷循环。

3）两级节流、中间完全冷却的双级压缩制冷循环。

4）两级节流、中间不完全冷却的双级压缩制冷循环。

5）两级节流、具有中间蒸发器的中间完全冷却的双级压缩制冷循环。

（1）氨双级压缩制冷系统　以氨为制冷剂的双级压缩制冷系统一般采用一级节流、中间完全冷却形式，如图2-1所示。其工作循环过程是：双级压缩制冷系统的高压级压缩机压缩的制冷剂蒸气进入冷凝器中冷凝，冷凝后的制冷剂液体（状态5）分为两部分：第一部分经第一个节流阀A节流，成为低温中压饱和蒸气（状态6）进入中间冷却器，与低压级压缩机排出的过热低压蒸气（状态2）混合，完全冷却为中间压力下的饱和蒸气，与中间冷却器产生的饱和蒸气混合成为中间压力气体（状态3）后进入高压级压缩机；第二部分制冷剂在中间冷却器内冷却成为过冷液体（状态7），再进入第二个节流阀B节流成为低温低压饱和液体（状态8）后进入蒸发器，蒸发后进入低压级压缩机。

（2）氟利昂双级压缩制冷系统　该系统采用一级节流、中间不完全冷却形式，如图2-2所示。从蒸发器出来的低压蒸气（状态1）被低压级压缩机吸入并压缩至中间压力（状态2），然后与从中间冷却器出来的中压状态的制冷剂气体混合（状态3），并被高压级压缩机吸入，经高压级压缩机压缩成高压过热蒸气（状态4），进入冷凝器冷凝成高压液体（状态5）。由冷凝器流出的液体分为两部分：一部分液体经膨胀阀节流至中间压力（状态6）进入中间冷却器；大部分液体不经过膨胀阀直接进入中间冷却器的盘管内过冷，由于存在传热温差，这部分液体在盘管内不可能被冷却到中间温度，而是比中间温度高3~5℃。过冷后的液体（状态7）再经膨胀阀节流降压成低温低压的过冷液体（状态 8），最后进入蒸发器蒸发，吸收被冷却物体的热量，以达到制冷的目的。

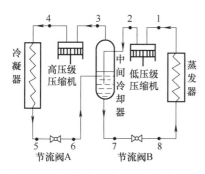

图 2-1　一级节流、中间完全冷却形式

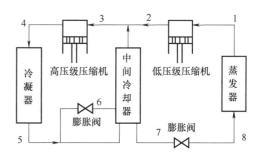

图 2-2　一级节流、中间不完全冷却形式

2.4.2　复叠式制冷系统的组成与工作原理

1. 采用复叠式制冷系统的原因

由于科研和生产对低温的要求越来越高，如需要 −120~−70℃ 的低温箱、低温冷库等。由于采用中温制冷剂的双级压缩制冷装置，所能得到的最低蒸发温度，也受到蒸发压力过低带来一系列问题的限制，如 R12、R22 在 −80℃ 时，蒸发压力已低于 0.01MPa，而氨在 −77.7℃ 时，已经凝固了。

制冷系统蒸发压力过低时带来的问题有：

1）蒸发器与外界的压差增大，空气渗入系统的可能性增加，进而影响系统的正常工作。

2）吸气比容大，实际吸入气缸的气体减少，增加了气缸的尺寸。

3）对于活塞式压缩机，因阀门具有自动启闭特性，当吸气压力低于 0.01MPa 时，难以克服吸气阀弹簧作用力，进而影响压缩机的正常工作。

由于上述原因，当需要的蒸发温度低于 −70℃ 时，就要采用低温制冷剂。低温制冷剂在常压下有较低的蒸发温度，如 R13 和 R14 在常压下的蒸发温度分别为 −81.5 ℃ 和 −128℃，因此使低温下的蒸发压力得到提高，R13 在蒸发温度为 −100℃ 时，蒸发压力接近 0.04MPa。

但是，低温制冷剂的冷凝温度要求较低，用一般的水冷和空气冷却无法凝结成液体，必须用一种人工冷源来冷凝低温制冷剂，这就出现了同时采用两种制冷剂的制冷系统，称复叠式制冷系统。

2. 复叠式制冷系统的基本组成

复叠式制冷系统的组成，如图 2-3 所示。该系统包括高温和低温两部分。

高温制冷系统主要由高压级压缩机、冷凝器、节流阀、蒸发冷凝器等组成。

低温制冷系统主要由低压级压缩机、蒸发冷凝器、节流阀、蒸发器等组成。

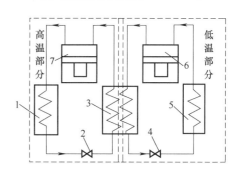

图 2-3　复叠式制冷系统的组成

1—R22 冷凝器　2—R22 节流阀　3—蒸发冷凝器
4—R13 节流阀　5—R13 蒸发器
6—R13 压缩机　7—R22 压缩机

3. 复叠式制冷系统的工作原理

复叠式制冷系统分别由两台单级压缩机构成高温和低温制冷循环，高温部分采用 R22 制冷剂，低温部分采用 R13 制冷剂。

1）高温系统：在高温循环中，进入蒸发冷凝器的 R22 液体，吸收了低温循环中压缩机排出的 R13 蒸气的热量而汽化，汽化后被压缩机吸入并压缩，排入油分离器分离润滑油，再进入水冷式冷凝器冷凝成 R22 液体，从冷凝器出来的 R22 液体，经过干燥过滤器、热交换器、电磁阀、节流阀后重新进入蒸发冷凝器汽化，如此不断循环。

2）低温系统：在低温循环中，R13 液体在低温蒸发器内吸收了被冷却对象的热量后汽化，汽化后的 R13 被压缩机吸入并压缩，然后进入油分离器，分离后的 R13 蒸气进入蒸发冷凝器，放热后冷凝成 R13 液体，出来后再经过滤器、换热器、电磁阀、节流阀重新进入蒸发器汽化制冷，如此不断循环。

4. 复叠式制冷系统的特点

在低温部分的压缩机排气管道上安装了一只水冷却器，这是为了降低 R13 蒸气的过热度，以减少蒸发冷凝器的热负荷。

在制冷系统停机后，为了防止低温部分中的 R13 液体汽化而导致系统压力过高，专门设置了一个膨胀容器。这是因为停机后，低沸点制冷剂 R13 的温度要逐步升高至环境温度，并全部汽化为过热蒸气，压力会增加到大于安全值，这是不允许的。系统内有了膨胀容器后，过热蒸气有了额外的存储容积，压力上升不致过高，保证了安全。

另外，在系统重新启动时，膨胀容器可起到平衡低温部分压缩机的排出压力，避免 R13 的冷凝压力过高。

2.4.3 冷藏车制冷系统的组成与工作原理

（1）制冷机组分类　制冷机组分为非独立式制冷机组和独立式制冷机组。一般车型都采用外置式制冷机，少数微型冷藏车采用内置式制冷机。对于温度要求较低的冷藏车，可采取厢体内置冷板（功能相当于蒸发器）。

（2）冷藏车制冷机组　冷藏车制冷机组是为冷藏车货柜提供源源不断的"冷源"的重要设备，一般都加装在货柜的前面顶部，有空调般的外形，但比同体积的空调具有更强的制冷能力。

制冷机组一般有独立式机组和非独立式机组两种，独立式制冷机组完全通过另外一个机组来发电维持工作，非独立式制冷机组则完全通过整车发动机的工作带动机组的制冷工作。

一般情况下，非独立式制冷机组专为单车厢厢式货车和中型货车的低温和中温应用而设计；而独立式制冷机组则多用于大型冷藏车及半挂冷藏车，其配备有一个副发动机。

冷藏车的制冷机组通过发动机驱动压缩机运行，进行制冷和除霜，并可根据用户需要，选配由电动机驱动的压缩机运行来进行制冷和除霜（简称备电装置）。该系统至少由三大独立部件组成：冷凝器、蒸发器和压缩机。压缩机安装在发动机上并由其驱动。使用制冷软管或管道将冷凝器、蒸发器、压缩机和其他部件连接起来。备电装置还有另外一台压缩机和一台电动机及油分离器等，以备以电源驱动运行。发动机驱动压缩机通过传动带由发动机驱动运行。电源驱动压缩机和发动机驱动压缩机平行连接。电源驱动压缩机通过电动机传动带驱动。

制冷机组和驾驶室空调压缩机都使用相同的制冷系统回路。

独立式制冷机组由单独的发动机输出动力,当冷藏车熄火或者在冷藏车出现发动机故障时制冷机还能工作,从而保证冷藏车厢里面的货物不会变质。

2.5　载冷剂的基本知识

2.5.1　载冷剂的分类

以间接冷却方式工作的制冷装置中,将被冷却物体的热量传给正在蒸发的制冷剂的物质称为载冷剂。载冷剂又称为冷媒或二次制冷剂。

载冷剂通常为液体,在传递热量过程中一般不发生相变。应用较多的载冷剂主要有氯化钠、氯化钙、乙二醇等。

1. 氯化钠与氯化钙载冷剂

盐水即氯化钠或氯化钙的水溶液,可用于盐水制冰机和间接冷却的冷藏装置,或用于冷却袋装食品。盐水的凝固温度随浓度不同而发生变化,当溶液浓度为 29.9% 时,氯化钙盐水的最低凝固温度为 -55℃;当溶液浓度为 22.4% 时,氯化钠盐水的最低凝固温度为 -21.2℃。使用时按溶液的凝固温度比制冷剂的蒸发温度低 5℃ 左右为准来选定盐水的浓度。氯化钠和氯化钙价格较低,但是对设备腐蚀性很大。

2. 乙二醇载冷剂

乙二醇是无色无臭、有甜味的液体。在将乙二醇用作载冷剂时应该注意以下几点:

1)其冰点随着乙二醇在水溶液中的浓度变化而变化。浓度在 60% 以下时,水溶液中乙二醇浓度升高、冰点降低,但浓度超过 60% 后,随着乙二醇浓度的升高,其冰点呈上升趋势,黏度也会随着浓度的升高而升高。当浓度达到 99.9% 时,其冰点上升至 -13.2℃。

2)乙二醇含有羟基,长期在 80~90℃ 下工作时会先被氧化成乙醇酸,再被氧化成草酸,即乙二酸(草酸),含有 2 个羧基。草酸及其副产物会影响人体的中枢神经系统,接着是影响心脏,而后影响肾脏。吸入乙二醇者如无适当治疗,且摄取量过大会导致死亡。另外,乙二醇、乙二酸还对设备造成腐蚀而使其发生渗漏。

2.5.2　盐水载冷剂的调试

工业上常用盐水作为载冷剂。这是一种中温载冷剂,适于用作 -50~-5℃ 制冷装置的载冷剂。

对于盐水载冷剂的使用,需要根据制冷装置的最低温度选择盐水浓度。因为盐水浓度增高,将使盐水的密度加大,进而使输送盐水的泵的功率消耗增大;而盐水的比热容却减少,输送一定制冷量所需的盐水流量将增多,同样增加泵的功率消耗。因此,不应选择过高的盐水浓度,而应根据使盐水的凝固温度低于载冷剂系统中可能出现的最低温度的原则来选择盐水浓度。选择盐水的浓度,使其凝固温度比制冷装置的蒸发温度低 5~8℃(采用水箱式蒸发器时取 5~6℃;采用壳管式蒸发器时取 6~8℃)为宜。鉴于此,氯化钠(NaCl)溶液只使用在蒸发温度高于 -16℃ 的制冷系统中。氯化钙(CaCl$_2$)溶液可使用在蒸发温度不低于 -50℃ 的制冷系统中。

配制盐水方法举例：某冷库0℃冷却间，使用盐水降温，采用敞开式盐水蒸发器，盐水量为24m³（包括盐水池与管道盐水），求所需的盐量和水量。

已知冷却间温度为0℃，根据设计要求，盐水温度要比冷却间温度低10℃，则盐水工作温度为-10℃。

根据设计要求，NH₃的蒸发温度要比盐水温度低5℃，则NH₃的蒸发温度为-15℃，在敞开式蒸发器中盐水溶液凝固温度应比NH₃的蒸发温度低5℃，应为-20℃，在这种条件下，采用氯化钠或氯化钙盐水溶液皆可。

从氯化钠溶液物理性质表中查得，当氯化钠溶液凝固温度为-20℃时，溶液中含盐量为22.4%，密度为1.17kg/L。

盐水量：24×1.17×1000kg=28080kg。

应加氯化钠：28080kg×22.4%=6290kg。

应加水：28080kg-6290kg=21790kg。

为降低盐水的腐蚀性，应加一定量的缓蚀剂，使溶液呈弱碱性，其pH值保持在7.5~8.5。通常采用氢氧化钠（NaOH）和重铬酸钠（Na₂Cr₂O₇）的混合溶液，质量配比为NaOH：Na₂Cr₂O₇=27：100。

盐水机组使用范围工况（载冷剂采用NaCl或CaCl₂溶液）如下：

1）-10℃<盐水出水温度≤0℃。

2）-20℃<盐水出水温度≤-10℃。

3）-25℃<盐水出水温度≤-20℃。

4）-30℃≤盐水出水温度≤-25℃。

5）-35℃≤盐水出水温度<-30℃。

2.6 综合技能训练

技能训练1 调整压力控制器的高低压参数

压力控制器是由压力信号控制的电开关，因此又称为压力继电器。压力控制器若按控制压力的高低分类，可分为高压控制器、中压控制器和低压控制器。

高压控制器用作制冷压缩机的高压保护，目的是防止因冷凝器断水或水量供应严重不足，或者由于起动时排气管路上的阀门未打开，或者制冷剂灌注量过多，或者因系统中不凝性气体过多等原因造成排气压力急剧上升而产生事故。当排气压力超过警戒值时，压力控制器立即切断压缩机电动机的电源，使压缩机保护性停机。

中压控制器主要用于两级压力制冷系统，控制中间压力（低压级压缩机的排气压力）不超过设定值，以保护低压级压缩机安全、正常地工作。

低压控制器可以用来在小型制冷装置中对压缩机进行开机、停机控制；在大型制冷装置中可用于控制卸载机构动作，以实施压缩机的能量调节。同时，低压控制器还可以起防止压缩机吸气压力过低的保护作用。

在实际使用中，对一台压缩机而言，往往既需要高压保护，又需要以吸气压力控制压缩机的正常开启和停机。为了简化结构，常常将高压控制器与低压控制器做成一体，称为高低压力控制器。常用的高低压力控制器有 FP 型、KD 型和 YWK-22 型，另外，只用作高压控制的有 YWK-11 型，专用于低压控制的有 YWK-12 型。图 2-4 所示为 FP 型压力控制器的工作原理。

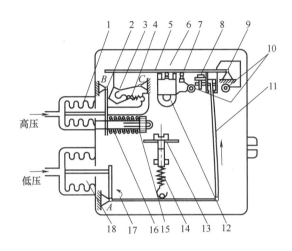

图 2-4   FP 型压力控制器的工作原理

1—高压气箱　2—杠杆　3—跳板　4—跳簧　5—主触头板　6—辅触头　7—主触头　8—低压差动调节螺钉
9—转轴　10—接线柱　11—推杆　12—永久磁铁　13—低压调节螺钉　14—低压弹簧
15—高压调节螺母　16—高压弹簧　17—直角杆　18—低压气箱

FP 型压力控制器的结构主要由三部分组成：低压部分、高压部分和触头部分。高、低压气箱接口用毛细管分别与压缩机的吸、排气腔连接，吸、排气压力作用在波纹管外壁的气箱室中，产生一个顶力矩。它们分别与高低压弹簧的张力矩和拉力矩在某一转角位置达到平衡，从而使触头处于闭合状态。

1. FP 型压力控制器的调整

（1）低压部分　当压缩机的吸气压力下降到稍低于低压控制器的整定值时，低压弹簧的拉力矩大于气箱中吸气压力所产生的顶力矩，弹簧拉着低压推杆沿逆时针方向绕着支点旋转，带着推杆向上移动，然后推动主触头，使主触头与辅触头分离而切断电源。当压缩机吸气压力上升到高于低压控制器的整定值时，气箱中的吸气压力所产生的顶力矩大于低压弹簧的拉力矩，气箱推着推杆以顺时针方向旋转，推杆往下移动接通电源，主触头板在永久磁铁的吸力作用下，使主辅两触头迅速闭合以防发生火花而烧毁触头。

若想调整低压控制器的压力控制值（即切断电源的压力值），可旋转低压调节螺钉以调整低压弹簧的拉力矩，顺时针旋转时能增加拉力，逆时针旋转时则能减小拉力。

低压控制器的差动值（即触头分与合时的压力差）由低压差动调节螺钉来调整，差动值的调整是通过调节推杆端部的夹持器的直槽空行程的长短来实现的。空行程长，则差动值大；反之，差动值则小。低压差动调节螺钉每旋转一圈，压力差变化 0.04MPa。

（2）高压部分　当压缩机的排气压力上升至略高于高压控电器的整定值，高压气箱内的排气压力所产生的顶力矩大于高压弹簧的张力矩，顶力矩便推动高压杠杆以逆时针方向绕着支点旋转，杠杆推动跳簧向上拉，使跳板以刀口为支点，按顺时针方向向上进行突跳式旋转，撞击主触头板使触头分离而切断电源。当排气压力下降后，使主触头板复位，主辅触头重新闭合并接通电源。

高压控制器压力控制值（即切断电源的压力值）进行调整时，可旋转高压调节螺母来调整高压弹簧的张力矩。顺时针方向旋转高压调节螺母时，则增大弹簧的张力；反之，逆时针方向旋转螺母时，则减小弹簧的张力。可调节的压力范围为 0.6~1.4MPa 或 1.0~1.7MPa。触头通断的差动值为 0.2~0.4MPa。要注意的是，高压控制器的差动值是不能调整的。

2. KD 型压力控制器的调整

高低压控制器是一种受压力信号控制的电器开关，在制冷装置上安装高低压控制器的主要目的是控制压缩机运行时的排气压力和吸气压力。因为压缩机排气压力过高，不但会增加电耗，影响机器的使用寿命，而且有可能产生意外事故。当压缩机吸气压力过低时，特别是低于大气压时，外界的空气和水分可能进入制冷装置，影响制冷装置的正常运行。另外，过低的吸气压力会影响润滑油泵的供油量，危及压缩机的各摩擦耦合件，进而影响压缩机的使用寿命。

图 2-5 所示为 KD 型压力控制器的工作原理。

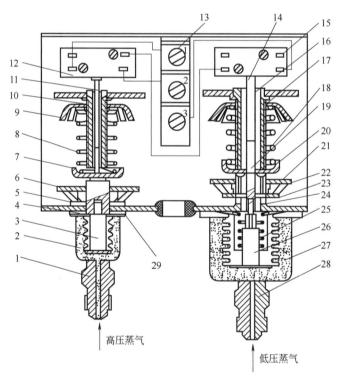

图 2-5　KD 型压力控制器的工作原理

1、28—高、低压接头　2、27—高、低压气箱　3、26—顶力棒　4、24—压差调节座

5、22—碟形簧片　6、21—压差（差动）调节盘　7、20—弹簧座　8、18—弹簧

9、17—压力调节盘　10、16—螺纹柱门　11、14—传动杆　12、15—微动开关

13—接线柱　19—传力杆　23、29—簧片垫板　25—复位弹簧

KD 型压力控制器的高低压接管分别与压缩机的排气阀和吸气阀上的旁通孔（或阀）相连

接，接收排气压力和吸气压力信号。将其接入压缩机电动机的控制电路，这样压力控制器就能根据接收到的吸、排气压力，直接控制压缩机的开启和停机。当压缩机排气压力高于高压整定值时，高压控制部分动作，压缩机停机。当压力下降至整定值以下，并不能使压力控制器复位，要降低到整定值减去差动值以下，才能使压缩机开机。当压缩机吸气压力低于低压整定值时，低压控制部分动作，压缩机停机，当压力上升到整定值加上差动值时，压缩机开机。

压力控制器的压力控制值可通过转动各自的压力调节盘而得到调整。顺时针方向转动压力调节盘能使调节弹簧压紧，压力控制值升高，反之则降低。高压压差调节盘是调节高压的差动值，当顺时针转动压差调节盘时，差动值增加，反之则减少。低压差动值一般是固定值，不可调节。

KD 型压力控制器有低压自动和高压手动、低压自动和高压自动、低压手动和高压手动等不同的复位形式。当制冷压缩机运行过程中出现高低压超出整定值范围时，由于控制器的作用而使压缩机停机，停机后制冷系统中的制冷剂压力将很快恢复平衡，即高压下降，低压上升，当高低压达到整定值范围时，自动复位的压力控制器中的触头即闭合，压缩机又开始工作。若此时尚未排除引起超压的故障，压缩机又将起动。这样由于压缩机的频繁起动，可能使电动机烧毁。带有手动复位的压力控制器，当高压触头分离后有一铜片自锁装置，触头不能自行闭合。只有找出和排除故障，并按下手动复位按钮时，压缩机才能重新开始工作。

制冷系统压力控制器在出厂时的控制整定值均已做过调整和试验（见各厂使用说明书），如果不符合实际应用要求，可以在其允许的使用范围内进行调整，调整试验应反复几次，确认其切断与接触压力控制值已达到整定值要求。装在制冷装置上的压力控制器，每年至少应试验一次，特别是高压控制部分，以免控制器失控产生重大事故。

技能训练 2　调整温度控制器的设置参数

1. WTZK 系列温度控制器的参数设置

（1）基本结构　图 2-6 所示为 WTZK 系列温度控制器的基本结构。它主要由感温包、毛细管、波纹管室（气箱室）、主弹簧、差动器、杠杆、拨臂、动触头和静触头等部件组成。其中感温包、毛细管和波纹管室构成感温机构。在密封的感温机构中充有 R12、R22 或 R40（氯甲烷）工质，作为感温剂。

（2）工作原理　感温包和波纹管室中的感温剂感受到被测介质的温度变化后，感温剂的饱和压力作用于波纹管室，此时波纹管室产生的顶力矩与主弹簧产生的弹性力矩的差值也发生变化，杠杆便在这力矩差值的推动下转动，当转动一定角度后，杠杆将遇到差动器中幅差弹簧的作用，因此杠杆在转动时，波纹管室所产生的顶力矩，不仅要克服主弹簧的反向力矩，而且要克服幅差弹簧的反向力矩。当杠杆继续转动达到一定角度时，拨臂才能拨动动触头，使其迅速动作。

（3）参数设置　WTZK 系列温度控制器的主弹簧也称为定值弹簧，其拉力大小的调节就是设定所需温度的下限值，即设定的停机温度值。调节方法是用螺钉旋具调节螺杆，其数值可从指针所指标尺的数值上看出来。

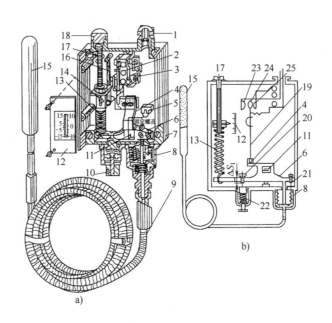

图 2-6　WTZK 系列温度控制器的基本结构

a）结构　b）工作原理图

1—出线套　2—开关　3—接线夹　4—拨臂　5—刀支架　6—杠杆

7—轴尖座　8—波纹管室（气箱室）　9—毛细管　10—差动旋钮

11—刀　12—标尺　13—主弹簧　14—指针　15—感温包　16—导杆

17—调节螺杆　18—锁紧螺母　19—跳簧片　20—螺钉　21—止动螺钉

22—差动器　23、25—静触头　24—动触头

　　例如：某冷库库温要求设置在-8～-5℃的范围内，具体调节方法是：将温度控制器的感温包固定在库房内，温度控制器本体安装在库外仪表盘上，温度控制器毛细管逐段固定好，用导线把温度控制器的控制电路接入制冷机组的电源控制回路中，旋动温度控制器设定值调节螺杆，使指针指示在标尺刻度-8℃上，此值即为下切换值-8℃。当库温下降至-8℃，控制器开关应自动停止压缩机运行，停机后，当库温回升时，再反复调节差动旋钮，使库温回升至上切换值-5℃时，控制器开关自动切换至触头闭合，制冷机组再次开机。

　　2. 电子式冷库温度控制器的参数设置

　　1）为了防止产生误操作，必须连续按"SET"键三下并进入设定状态，如图 2-7 所示。

　　2）温度控制器进入设定状态后，首先显示下限温度设定值（提示符号为"L"），按"▲"或"▼"键改变设定值，直到符合要求（设定值为负值时，负号闪烁）。再按一下"SET"键，显示上限温度设定值（提示符号为"「"），此时可按"▲"或"▼"键改变设定值，直至符合要求（设定值为负值时，负号闪烁）。

图 2-7　参数设置（一）

　　3）再按一下"SET"键，显示压缩机停机延时时间（提示符号为"Y"），此时可按"▲"键改变设定值，直到符合要求。再按一下"SET"键，显示控制模式（提示符号为"J"），此时可按"▲"键选择制冷模式（提示符号为"JCC"）和

加热模式（提示符号为"JHH"）。

4）再按一下"SET"键，显示温度校正值（提示符号为"I"），一般情况下不需要进行温度校正；若需要进行温度校正，可按"▲"或"▼"键改变设定值，直至符合要求。

5）若 16s 内不按下任何一个键，温度控制器将自动退出设定状态，设定值被储存，显示屏上仍显示温度测量值。注意：若设定完后未经延时退出就关机，新设定值将得不到永久保存。

技能训练 3　使用氮气对制冷系统进行压力检漏

将压缩机高压截止阀多用孔道与氮气瓶之间用耐压管道连接好，打开氮气瓶阀向系统中打入表压为 0.8MPa 左右的高压氮气，然后关闭制冷系统的出液阀，继续向制冷系统打入表压为 1.3~1.5MPa 左右的高压氮气。关闭好氮气瓶阀后用肥皂水涂抹各连接、焊接和紧固等泄漏可疑部位（四周都涂），然后耐心等待 10~30min，仔细观察，若发现欲检部位有不断扩大的气泡出现，即说明有泄漏存在，应予堵漏。不过微量泄漏要仔细观察才能发现，开始时肥皂水中只是一个或几个针尖大小的小白点，过 10~30min 后才长大到直径为 1~2mm 的小气泡。

由于接头在壳体内或被其他部件阻挡，不能观察到检漏接头的背后时，可采用两种方法：一种是用一面小镜子到背后照看；另一种是用手指把背后的肥皂水抹到前面来观察。

确认无泄漏后，记下高、低压力表的数据，保压 18~24h，在保压期间系统高、低压部分根据环境温度变化，允许压降 9.8~19.6kPa。24h 后系统压降在允许范围可认为系统密封良好。

技能训练 4　制冷系统检漏后的试机操作

中小型制冷系统经过检漏后重新使用时，需要人工起动。在人工起动前，应做好下述工作。

1）检查压缩机与电动机各运转部位有无障碍物，对于中小型开启活塞式压缩机要扳动带轮或联轴器转 2~3 圈，检验其是否有卡死现象。

2）观察活塞式压缩机曲轴箱中的润滑油油面是否在视油镜中间或偏上的位置，若不是应补充润滑油。

3）接通电源，检查电源电压是否在正常范围内。

4）检查各压力表的阀门是否已打开，各压力表是否灵敏准确，对已损坏的压力表应予以更换。

5）开启压缩机排气阀及高、低压系统有关阀门。但压缩机吸入阀和储液器出液阀可暂不开启或稍后开启。

6）开启冷却水循环泵向冷凝器供应冷却水；对于风冷式机组，应开启冷凝器风扇电动机。

7）调整压缩机高、低油压控制器及各温度控制器的给定值（一般 R22 高压为 1.6~1.9MPa）。所有安全控制设备应确认状态良好。

8）检查制冷系统管路，看有无制冷剂泄漏现象。冷却水系统各阀门及管道接口不得有严重漏水现象。

2.7 技能大师绝活——制冷系统的排污

氨制冷系统的设备管道在运行前都必须进行排污，以清除安装过程中残留在系统内的焊渣、金属屑、泥沙等污物，防止污物损伤制冷系统的部件和阀门，避免系统管道阻塞。

氨制冷系统排污时，可用空压机提供压缩空气，压缩空气的压力一般不超过 0.6MPa。排污口应设置在管道的最低处，排污工作可分组、分段、分层进行。

排污一般不少于 3 次，直到排出气体不带水蒸气、油污和铁锈等杂物。

为了有效地利用压缩气体的爆发力和高速气流，可在排污口上装个阀门，待系统内压力升高时快速打开阀门，使气体迅速排出，带出污物。

实践中也可用木塞堵住排污口，当系统有一定压力时，将木塞拔掉，使空气迅速排出。这种方法很好，但存在一定危险，操作时务必小心，注意安全。

氟利昂系统最好使用 0.6MPa 的氮气进行分段吹污。因为若使用压缩空气，其空气中会含有水蒸气，若残留在氟利昂系统内，将引起氟利昂系统产生冰堵或冰塞现象。

复习思考题

1. 压力控制器在制冷系统中的作用有哪些？
2. 压力控制器如何进行调整？
3. 温度控制器如何进行调整？
4. 制冷系统长期停机要做哪些工作？
5. 制冷系统长期停机后开机时要做哪些工作？
6. 制冷系统进行气密性试验有哪些要求？
7. 简述制冷系统进行排污操作的方法。
8. 简述制冷系统进行压力操作的方法。
9. 简述使用双级压缩制冷系统的原因及工作原理。
10. 简述使用复叠式制冷系统的原因及工作原理。
11. 简述载冷剂的分类方法。
12. 简述氯化钠载冷剂的特性。
13. 简述盐水载冷剂的调试方法。
14. 简述用真空泵对制冷系统抽真空的操作方法。
15. 简述用压缩机自身对制冷系统抽真空的操作方法。

制冷系统常见故障的处理

3.1 制冷系统常见故障分析与处理

3.1.1 活塞式制冷压缩机轴封的结构

轴封装置是活塞式制冷压缩机的重要部件之一。它的作用是防止曲轴箱内的制冷剂通过曲轴伸出端向外泄漏，阻止外界空气通过曲轴伸出端向曲轴箱内渗透。

轴封装置主要有波纹管式和摩擦环式两种。

摩擦环式轴封装置的结构形式很多，常见形式如图 3-1 所示。动摩擦环 4 在弹簧 2 的弹力下紧贴压板 7（固定环），形成径向动密封面。橡胶密封圈 5 一方面用来密封轴与动摩擦环之间的间隙，形成径向静密封面；另一方面带动动摩擦环与轴一起旋转，形成轴向静密封面。由于采用动摩擦环和轴封盖之间低表面粗糙度值单端面动密封的方式，这种结构具有自润滑性能好、耐磨、耐蚀、耐高温、强度高、寿命长、结构简单、安装方便、基本无泄漏等优点。

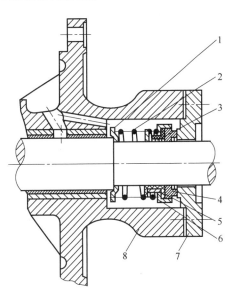

图 3-1　摩擦环式轴封装置

1—托板　2—弹簧　3—钢圈　4—动摩擦环
5—橡胶密封圈　6—钢壳　7—压板　8—轴承座

3.1.2 活塞式制冷压缩机轴封泄漏时的故障处理

活塞式制冷压缩机轴封泄漏时的处理步骤如下：

1）进行停机操作。

2）拆开轴封，找出泄漏原因，进行修理。

① 检查是否因轴封装配不良，造成了轴封严重漏油。应将轴封正确装配。

② 检查动摩擦环与固定摩擦环的摩擦面是否已经拉毛。若拉毛严重，应仔细研磨密封面并重新装配。

③ 橡胶密封圈老化或松紧度设置不适当就会漏油。对此，应更换新的橡胶密封圈，并调整合适的松紧度。

④ 检查是否因轴封弹簧的弹力减弱，造成了轴封漏油。若是，应将原弹簧拆下，并更换新的同样规格的弹簧。

⑤ 检查固定摩擦环背面与轴封压盖之间的密封性能是否变差。若密封性能变差，应将固定摩擦环拆下，并将背面清洗干净后重新装配，使其密封良好。

⑥ 如果曲轴箱压力过高，应进行调整操作。但在停机前应先将曲轴箱的压力降下来，并检查排气阀是否泄漏。

3）修复后重新装好轴封。

3.1.3 活塞式制冷压缩机曲轴箱温度过高的故障处理

活塞式制冷压缩机曲轴箱温度过高的故障处理步骤如下：

1）进行正常停机操作。

① 检查油压调节阀是否开启或开启过小。

② 检查是否因润滑油过脏或变质而导致油路系统内部堵塞。

③ 检查油压调节阀阀芯是否卡住。

④ 润滑油正常后再次起动压缩机，起动后用手摸曲轴箱颈部、轴封、安全阀、各气缸与缸盖接合部，找出温度明显升高的部位，初步确定故障点。

2）进行相应修理。

3.1.4 活塞式制冷压缩机运行时出现异常声音的故障分析与处理

1. 气缸内有敲击声

（1）故障原因　运转时活塞撞击排气阀；气阀螺栓松动；阀片损坏断裂后掉入气缸；活塞销与连杆小头间隙过大；弹簧变形，弹力不够；活塞与气缸间隙过大；制冷剂液体进入气缸造成液击。

（2）处理方法　将有杂声的气缸打开，增加活塞上止点间隙；旋紧气阀螺栓；更换阀片；拆缸后检查，调整修理；加垫增加弹簧力或更换；更换活塞或气缸；将吸气截止阀关小及液体节流阀关小或暂时关闭。

2. 曲轴箱内有敲击声

（1）故障原因　连杆大头轴瓦与曲柄销间隙过大；主轴颈与主轴承间隙过大；飞轮与轴或键配合松弛；开口销断裂，连杆螺母松动。

（2）处理方法

1）检查调整其间隙或更换相应零部件。

2）用开口销锁紧连杆螺母。

3.1.5 活塞式制冷压缩机运行中润滑系统常见的故障分析与处理

1. 润滑油温度过高

（1）故障原因　吸、排气温度过高；润滑油中含有杂质或摩擦副间隙太小，导致摩擦面拉毛或过度发热；油冷却器供油不足或油温太高、油冷却器结垢严重。

（2）处理方法

1）降低吸、排气温度。

2）检修或更换相应零部件。

3）检查油冷却器供水情况并进行清洗。

2. 压缩机耗油量增大

（1）故障原因　制冷剂进入曲轴箱；曲轴箱油面过高；排气温度过高；油环严重磨损、

装反或活塞环开口在一条直线上。

（2）处理方法

1）将吸入截止阀和供液节流阀关小或暂时关闭。

2）放出部分润滑油。

3）采取措施降低排气温度。

4）检查及必要时更换油环或活塞环。

3. 压缩机卸载装置失灵

（1）故障原因　油泵齿轮、泵盖磨损间隙过大，油压不够；油管堵塞；油分配阀装配不当；油缸内有污物卡死；拉杆或转动环装配不正确，转动环卡住。

（2）处理方法　调节油压比吸气压力高 0.12~0.2MPa；拆开清洗并加以检修。

3.2　制冷系统辅助设备常见故障的处理

3.2.1　蒸发器常见故障的处理

1. 蒸发温度过高的处理方法

1）可能是膨胀阀开度过大，进入蒸发器的制冷剂过多，在蒸发器中不能完全蒸发，多余的液体制冷剂占去一部分热交换面积，传热面积减少，致使蒸发温度过高，应根据制冷剂量适当调整膨胀阀的开度。

2）可能是冷凝温度升高引起蒸发温度升高。此时可适当增加冷凝面积（需要根据压缩机的制冷能力确定）；可清除油污及水垢；放出多余的液体制冷剂等。因为冷凝温度升高时，压缩机的压缩比增大，吸气系数减少，气体比容增大，致使蒸发温度升高。

2. 蒸发温度过低的处理方法

1）可能是膨胀阀开度太小或膨胀阀堵塞，进入蒸发器的制冷剂太少，部分传热面积没有制冷剂吸热蒸发，出来的气体不能满足压缩机吸气的要求，蒸发器内气体比容减少，压力下降，蒸发温度降低，应适当调整膨胀阀的开度。

2）制冷剂不足，进入蒸发器的制冷剂很少，造成部分表面积不能发挥热交换的作用。进入蒸发器的制冷剂很容易蒸发，但不能满足压缩机吸气的要求，导致蒸发温度下降，应按设计说明书中的液量加入制冷剂。

3）蒸发器冷冻水温度太低，甚至冻结，主要是冷冻水循环量太少，应根据需要增加冷冻水的循环量，并检查水泵。

3.2.2　冷凝器常见故障的处理

1. 冷凝器压力过高

（1）冷却水出水温度过高的故障原因与处理方法

1）水泵运转不正常或选型容量过小，应检查或更换水泵。

2）冷却水回路上各阀未全部开启，应检查水阀并开启。

3）冷却水回路上水外溢或冷却水池水位过低，应检漏并提高水位。

4）冷却水回路上的过滤网堵塞，应清理过滤网。

（2）冷却水进水温度过高的故障原因与处理方法

1）冷却塔上轴流风扇不转，应检查轴流风扇。

2）冷却水补给水不足，应将补给水加足。

3）淋水喷嘴堵塞，应清洗喷嘴。

（3）冷却水温差小的故障原因与处理方法　冷凝器水室的隔流板、封垫短路，应检修冷凝器水室。

（4）冷凝温度过高的故障原因与处理方法　冷凝器内积存大量空气等不凝结气体，将空气等不凝结气体排除。

2. 冷凝器压力过低

1）故障原因：冷却水进水温度过低。处理方法：调整水温。

2）故障原因：冷却水量过大。处理方法：调整水量。

3）故障原因：系统中制冷剂数量不足。处理方法：补充制冷剂。

3.2.3 膨胀阀常见故障的处理

膨胀阀常见故障有堵塞故障、感温包故障、调整不当故障等。

1. 堵塞故障原因与处理方法

（1）冰堵　一旦制冷剂中含有水分，当制冷剂流经膨胀阀时，因节流作用使温度突然下降到0℃以下，水被析出并结成冰粒，部分或全部堵塞阀孔。出现冰堵后，制冷剂流量减少，吸气压力下降，排气压力也下降，制冷量就下降了。

处理冰堵的方法：一般是更换干燥剂，除掉制冷剂中的水分；有时也可以拆下膨胀阀，用酒精清洗，排除留在阀内的水分；当系统内含水量较多时，可拆除系统中原来的干燥器，临时安装一只大型干燥器来吸湿，也可以将系统抽真空，重新充注制冷剂，从而达到排除水分的目的。

（2）脏堵　系统中脏物在膨胀阀进口滤网上造成堵塞。膨胀阀进口滤网被堵塞后，会使阀吸入口马上结霜。脏堵也有可能发生在膨胀阀的节流孔处，节流孔发生脏堵后系统的蒸发压力降低，回气温度升高，过热度升高，系统回油困难。

处理脏堵的方法：拆下膨胀阀清洗，更换干燥过滤器。

（3）油堵　这种现象一般是由于选用了凝固温度太高的润滑油引起的。当制冷剂流过膨胀阀时，因节流降温，部分油被分离出来，并凝成糊状，粘住阀孔，造成堵塞。此故障多数发生在-60℃以下的低温装置上。

产生油堵的原因有多种，应具体情况具体分析。如果是选用了凝固温度太高的润滑油造成的油堵，就应改用凝固温度低的润滑油。

2. 感温包故障原因与处理方法

当系统中出现膨胀阀供液时多时少或膨胀阀关不小，过热度、过冷度不正确等现象时，原因可能就是感温包出了故障。

1）感温包毛细管断裂，使感温包内的充注物漏掉，导致不能把正确的信号传给膨胀阀的执行机构。

2）感温包包扎位置不正确。

感温包故障处理方法：一般情况下，感温包尽量安装在蒸发器出口水平段的回气管上，应远离压缩机吸气口而靠近蒸发器，而且不宜垂直安装。当水平回气管直径小于 7/8in（22mm）时，感温包宜安装在水平回气管的上端，即吸气管的"一点钟"。当水平回气管直径大于 7/8in 时，感温包要安装在水平回气管轴线以下与水平轴线成 45°角位置。因为把感温包安装在吸气管的上部会降低反应的灵敏度，可能使蒸发器的制冷剂过多；而把感温包安装在吸气管的底部会引起供液的紊乱，因为总有少量的液体制冷剂流到感温包安装的位置，导致感温包温度迅速变化。

3. 膨胀阀的正确调整方法

1）在调整膨胀阀之前，必须确认制冷系统工作异常是由于膨胀阀偏离最佳工作点引起的，而不是因为制冷剂少、干燥过滤器堵塞等其他原因所引起的。同时，必须保证感温包采样信号正确、感温包安装位置正确等。

2）膨胀阀调整时的注意事项：膨胀阀的调整工作必须在制冷系统正常运行状态下进行。由于蒸发器表面无法放置测温计，可以利用压缩机的吸气压力作为蒸发器内的饱和压力，查表得到近似蒸发温度。用测温计测出回气管的温度，与蒸发温度对比来校核过热度。调整中，若感到过热度太小，则可把调节螺杆按顺时针方向转动（即增大弹簧力，减小膨胀阀开启度），使制冷剂流量减小；反之，若感到过热度太大，即供液量不足，则可把调节螺杆朝相反方向（逆时针）转动，使制冷剂流量增大。

3）膨胀阀的具体调整步骤：

① 停机，将数字温度表的探头插入蒸发器回气口处（对应感温包位置）的保温层内，将压力表与压缩机低压阀的三通相连。

② 开机，让压缩机运行 15min 以上，进入稳定运行状态，使压力指示和温度显示达到稳定值。

③ 读出数字温度表温度 T_1 与压力表测得压力所对应的温度 T_2，过热度为两读数之差 $T_1 - T_2$（注意，必须同时读出这两个读数），膨胀阀的过热度应控制在 $5 \sim 8$℃，如果过热度不满足要求，则进行适当的调整。

3.2.4　制冷系统压力容器常见故障的处理

制冷系统压力容器包括贮氨器、低压循环筒、氨液分离器、中间冷却器、集油器、油分离器等。压力容器长期受潮湿的空气、盐水、氨等介质的侵蚀和磨损，压力容器外表面容易出现蚀坑，致使容器厚度变薄。经过长时间的使用，压力容器易产生泄漏现象。

为保障在用压力容器、压力管道在检验有效期内的安全运行，应对压力容器、压力管道本体及其安全附件、安全保护装置、测量调控装置、附属仪器仪表进行清洁、润滑、检查、紧固、调整、外部防腐层和绝热层的修复、更换易损件和失效零部件等。

对压力容器主要受压元件可进行更换、矫形、挖补等操作；对筒体的纵向接头、筒节与筒节（封头）连接的环向接头、封头的拼接接头等，采用全截面焊透的对接接头或对焊缝进行补焊；对压力管道不可机械拆卸部分的受压元件，可采用焊接方法更换管段及阀门，管子矫形、受压元件挖补与焊补等维修。

3.3 制冷系统电气系统常见故障的处理

3.3.1 机械式温度控制器常见故障的处理

1. 温度控制器感温头出现松动移位或温度控制器动、静触头粘连，造成压缩机不停机

（1）故障原因　温度控制器引出的感温包出现松动移位，造成感温包感温不正常；温度控制器动、静触头不能断开，使压缩机不能停机。

（2）处理方法　把松脱的感温包恢复到原来位置上并固定好，使其与蒸发器紧密接触即可；温度控制器触头粘连的，可切断电源，将温度控制器旋钮从"停"到最冷位置反复旋转，再接电源。若恢复正常，说明故障已排除；若不能停机，则需要更换温度控制器。

2. 温度控制器断路引起压缩机不起动

（1）故障原因　温度控制器断路的主要原因是接线柱卡子脱落或者感温包的感温剂泄漏。若感温剂泄漏，则感温腔内压力降低到大气压力，与动触头相连的杠杆仅受到平衡弹簧的拉力，因此动、静触头不能闭合，温度控制器呈断路状态使压缩机无法起动，可进一步检查，用手握住感温包，给其微微加热，若触头仍不闭合说明感温剂确实泄漏。

（2）处理方法　接好温度控制器线路；更换温度控制器。

3. 温度控制器动、静触头烧蚀，造成压缩机不起动

（1）故障原因　温度控制器动、静触头烧蚀不能导电，使压缩机不起动。

（2）处理方法　更换温度控制器。

3.3.2 压力继电器常见故障的处理

压力继电器是一种接收压力信号的电器开关。当压缩机的吸、排气压力发生异常变化并超过某一数值时，压力继电器的动、静触头断开，切断电路，使压缩机停机起到保护的作用。因此，压力继电器是一种安全保护装置，应经常检查其工作状态是否正常。压力继电器的故障主要反映在以下几个方面。

1. 高低压力正常，压缩机不起动

动、静触头之间，在运行时应是闭合的。如果触头不闭合，制冷压缩机不能起动。影响触头不能闭合的原因很多，如触头被烧坏或者有污物隔绝、弹簧变形、微动开关移位、与排气压力连接的小管破裂堵塞、波纹管气箱损坏等。可通过调整或更换弹簧、检漏修理以及调整开关位置等方法来处理。

2. 高低压超出正常范围

压力继电器在高压压力过高、低压压力过低的情况下，触头不能断开。这类故障比触头不能闭合的危害性更大。也就是说，当高压很高、低压很低时，制冷压缩机仍在运转，这是很危险的。造成故障的原因一般是动、静触头粘连、弹簧变形、传动杆被卡、波纹管漏气或者连接管破裂等。令制冷系统停止运行，用肥皂水检漏，发现漏口及时处理或更换粘连的触头、变形的弹簧等。

3. 油压过低时，压差继电器不起作用

压差继电器是保护制冷压缩机正常润滑的一种电气开关。它的故障多见于调节弹簧失灵、

电气控制电路断路、压差刻度不准、延时机构失灵等。处理方法是调整或更换相应零部件。

3.3.3　自动控制电路常见故障的处理

当电路出现故障时，切忌盲目操作，在检修前应对故障发生情况进行尽可能详细的调查，一般可以按以下步骤进行。

1）望。首先弄清电路的型号、组成及功能。例如：输入信号是什么、输出信号是什么、用什么元器件受令、用什么元器件检测、用什么元件执行、各部分在什么地方、操作方法有哪些等。将系统按原理和结构分成几部分，再根据控制元件的型号（如接触器、时间继电器）大概分析其工作原理。检查触头是否烧蚀、熔毁；线头是否松动、松脱；线圈是否发热、烧焦；熔体是否熔断，脱扣器是否脱扣；其他元器件是否烧坏、发热、断线；导线连接螺钉是否松动；电动机的转速是否正常等。

2）问。询问操作人员故障发生前后电路和设备的运行状况以及故障发生时的现象，如有无异响、冒烟、火花及异常振动；故障发生前后有无频繁起动、制动、正反转、过载等。询问系统的主要功能、操作方法、故障现象、故障过程、内部结构、其他异常情况、有无故障先兆等。通过询问，往往能得到一些很有用的信息。

3）闻。用嗅觉器官检查有无元器件发热和烧焦的异味。这对确定电路故障范围十分有用。

4）听。在电路和设备还能勉强运转而又不至于扩大故障的前提下，可通电起动运行，倾听有无异响，如有，则应尽快判断异响的部位并迅速关闭电源。

5）摸。断开电源后，尽快触摸检查线圈、触头等容易发热的部分，看温升是否正常。

6）切。即检查电路。电气控制系统的例行检查项目主要包括：除尘和清除污垢，消除漏电隐患；电磨损、自然磨损和疲劳致损的弹性件及电接触部件；各元器件导线的连接情况及端子排的锈蚀情况；活动部件有无生锈、污物、油腻干涸及机械操作损伤。

通过直观观察无法找到故障点，断电检查仍未找到故障时，可对电气设备进行通电检查。通电检查前要先切断主电路，让电动机停转，尽量使电动机和其所传动的机械部分脱开，将控制器和转换开关置于零位，行程开关还原到正常位置；然后用万用表检查电源电压是否正常，有无断相或严重不平衡。

进行通电检查的顺序为先查控制电路，后查主电路；先查辅助系统，后查主传动系统；先查交流系统，后查直流系统；先查开关电路，后查调整系统。通电检查控制电路的动作顺序，观察各元器件的动作情况；或断开所有开关，取下所有熔断器，然后按顺序逐一插入要检查部位的熔断器，合上开关，观察各元器件是否按要求动作。如某元器件该动作而没有动作，或者是动作不正常，行程不到位，虽能吸合但接触电阻过大，有异响、冒火、冒烟、熔断器熔断等现象，则故障点很可能就在该元器件中，当控制电路检查认定工作正常后，再接通主电路，检查控制电路对主电路的控制效果，最后检查主电路的供电环节是否有问题。

对于电路的通断，电动机绕组、电磁线圈的直流电阻，触头的接触电阻等是否正常，可用万用表相应的电阻档检查；对于电动机三相空载电流、负载电流是否平衡，大小是否正常，可用钳形电流表或其他电流表检查；对于三相电压是否正常、是否一致，对于工作电压、线路部分电压等可用万用表检查；对于线路、绕阻的有关绝缘电阻，可用绝缘电阻表检查。

利用欧姆表、电压表和电流表对电路进行测试。

1）电阻法。电阻法测量的工作原理是：在被测线路两端加一特定电源，则在被测线路中有一电流通过。被测线路的电阻越大，流过的电流就越小。反之，被测线路的电阻越小，流过的电流就越大。在这样在测量电路中，串接一电流表，就可以根据电流表电流的指示值换算出电阻值的大小。由于换算中电流和电阻是一一对应关系，因此可以直接在电流表的刻度盘上标出电阻值的大小。例如：一台控制变压器不能正常工作，测得变压器一次绕组的电阻值为无穷大，则可判断为绕组断线，重绕后故障可排除。

2）电压法。电路在加电时，不同点之间的电压也不同。如果在电压不同的两点之间接入一个电阻不为无穷大的支路，支路中就会有电流通过，通过并接在支路中的电压表的读数，就可测得此时的电压值。一般直接在刻度盘上标出电压值。

在电气控制电路中，有些动作是由电信号发出指令，由机械机构执行驱动的。如果机械部分的联锁机构、传动装置及其他动作部分发生故障，即使电路完全正常，设备也不能正常运行。在检修中，应注意机构故障的特征和表现，探索故障发生的规律，找出故障点，并排除故障。

3.4 综合技能训练

技能训练1　活塞式制冷压缩机轴封泄漏的故障处理

由于轴封弹簧弹力太弱，动摩擦环与固定摩擦环的摩擦面有拉痕，固定摩擦环背面与轴封压盖密封不良，橡胶密封圈老化或龟裂等原因造成轴封泄漏，要及时进行调整和修理。

1. 正确选择、使用工具

按要求选择呆扳手、梅花扳手等专用工具。

2. 能够按规范正确拆装轴封

轴封的拆卸：压板→石墨环→橡胶密封圈、钢圈→钢壳→弹簧→托板。

轴封的装配：托板→弹簧→钢壳→橡胶密封圈、钢圈→石墨环→压板。

3. 记录零部件名称与作用

轴封零部件的名称：托板、弹簧、钢壳、橡胶密封圈、钢圈、石墨环、压板。

轴封的作用：防止制冷剂与冷冻油向外泄漏；防止压缩机曲轴箱在真空情况下渗入空气。

4. 安全操作

拆卸：先回收制冷剂，待压缩机吸气压力降至0MPa时停机，同时切断电源。

装配：把清洗后的零部件合格品从容器内取出，进行装配，然后加注冷冻润滑油，最后用真空泵进行抽真空，表压力达到-0.1MPa后，真空泵继续运行30min，看表压力有无回升，如表压力无回升，可将低压截止阀的调节杆反方向旋转不动为止，拆除连接管。

注意：轴封零部件应摆放整齐、操作规范，以免损坏；检查零部件的好坏，如需要应更换零部件。

5. 善后工作

清洁现场、整理工具、设备复位，做好拆装记录。

技能训练 2　更换制冷压缩机润滑油

1. 正确选择、使用工具

按要求选择制冷工常用工具、三通维修阀、双歧表和真空泵等。

2. 书面回答更换润滑油的方法

3. 更换润滑油的操作程序

1）回收制冷剂。

2）将制冷压缩机从系统中拆卸下来。

3）拆卸制冷压缩机底板，放尽余油。

4）用煤油清洗箱体并烘干，装上底板。

5）拧开注油孔螺栓，灌入清洁的润滑油，至视油镜 1/2～2/3 处。

6）把制冷压缩机安装到系统中去。

7）真空泵的三点检查：油位、绝缘、吸气能力。

8）将制冷压缩机与双歧表、真空泵进行正确连接。

9）进行抽真空操作，当压力表数值达 -0.1MPa（表压）后，真空泵再运行 30min 以上，关闭表阀、停泵拆除连接管。

4. 操作要求

1）正确选择润滑油。

2）明确润滑油作用。

3）安全操作。

5. 善后工作

清洁现场、整理工具、设备复位，做好拆装记录。

技能训练 3　膨胀阀脏堵的故障处理

膨胀阀脏堵是由于系统中有过量杂质脏物，管道内金属氧化物脱落，分子筛或硅胶粉末等堵塞膨胀阀造成的。

1. 正确选择、使用工具

按要求选择制冷工常用工具、高压氮气设备及酒精等。

2. 书面回答拆卸清洗膨胀阀的方法

3. 拆卸清洗膨胀阀的操作程序

1）回收制冷剂。关闭供液总阀，开启压缩机运转，待吸气压力稳定在 0MPa（表压）以下时，关闭压缩机的排气阀，在关闭终了时停止压缩机运转（收氟完毕）。

2）拆下膨胀阀，取出滤网清洗，用氮气吹通膨胀阀后装回。

3）更换干燥过滤剂或过滤器，检查输液电磁阀的性能后复原（检查清洗完毕）。

4）打开压缩机的排气旁通口，开机运转，让供液总阀至压缩机体内的空气全部从排气旁通口抽出，待吸气压力稳定在真空状态（抽气完毕）时，关闭排气旁通口，打开压缩机的排气阀和供液总阀，系统恢复运行。

4. 善后工作

清洁现场、整理工具、设备复位，做好拆装记录。

3.5　技能大师绝活

3.5.1　膨胀阀冰堵的快速处理

冰堵故障的发生主要是由于制冷系统内含有过量的水分，随着制冷剂的不断循环，制冷系统中的水分逐渐在膨胀阀出口处集中，由于膨胀阀出口处温度最低，水结成冰后体积不断增大，当冰堆积到一定程度就将膨胀阀完全堵塞，制冷剂不能循环，进而冷库发生不制冷故障。

制冷系统出现冰堵的表现是最初阶段工作正常，蒸发器内结霜，冷凝器散热，机组运行平稳，蒸发器内制冷剂活动声清晰稳定。随着冰堵的形成，可听到气流逐渐变弱而且时断时续，堵塞严重时气流声消失，制冷剂循环中断，冷凝器逐渐变凉。

由于膨胀阀堵塞，排气压力升高，机器运行声音增大，蒸发器内无制冷剂流入，结霜面积逐渐变小，温度也逐渐升高，同时膨胀阀温度也一起上升，于是冰块开始融化，此时制冷剂又开始重新循环。过一段时间后冰堵再发生，形成周期性的通-堵现象。

冷库膨胀阀冰堵的处理方法如下：

关闭供液总阀，开启压缩机使其运转，待吸气压力稳定在0MPa（表压）以下时，关闭压缩机的排气阀，在关闭终了时停止压缩机运转。拆下膨胀阀的进液口，取出滤网清洗后装回，并更换输液干燥过滤剂或过滤器，检查输液电磁阀的性能后复原。打开压缩机的排气旁通口，开启压缩机运转，让供液总阀至压缩机体内的空气全部从排气旁通口抽出，待吸气压力稳定在0MPa（表压）以下真空时，关闭排气旁通口，打开压缩机的排气阀和供液总阀，使制冷系统恢复运行。

制冷系统中水分过多，主要是因为平时维修不彻底，泄漏造成低压并在负压情况下继续运行而吸入潮气，系统拆开后搁置时间过长等。若制冷系统内有过量的水分，必须对整个制冷系统进行干燥处理。其处理方法可采用加热抽真空法和二次抽真空法。

3.5.2　热继电器的快速调整

热继电器的整定电流是指负载以额定电流长时间工作、热继电器不动作的电流。

热继电器上有一个调整整定电流的旋钮，用一字槽螺钉旋具把指针旋到所需的电流位置即可，一般为负载额定电流值，考虑到有时会有瞬间的超负荷，可调整到电动机额定电流的1.1~1.15倍。

整定电流的大小调整方法如下：

1）整定值的调整方法：转动整定值调整旋钮，旋钮的某一分度对准热继电器外标识的"凹槽"标志，该分度值即为热继电器的整定值。

2）复位方式的调整方法：用一字槽螺钉旋具伸入热继电器侧下部的调整孔，顺时针调整螺钉到底，为自动复位方式，即切断电源一段时间后，动断触头自动闭合，逆时针调整螺钉，使螺钉旋出一定距离，为手动复位方式，即必须按下复位按钮，动断触头才能闭合。

热继电器发生过载保护多是因为电源、线路、负载等有故障。为确保排除故障后热继电器触头才能闭合，一般将复位方式设置为手动复位方式。

3.5.3 制冷压缩机高低压串气的快速判断

制冷压缩机串气表现为高压、高温排气进入了低压吸气，由于低压吸气温度被加热，进而导致压缩机的排气温度将更高。同时，制冷压缩机的运转温度也很高。可以从以下几个现象来分析。

1）制冷效果明显变差。

2）制冷压缩机的回气管很热，运行的声音很小，电流偏小。

3）制冷压缩机表面的温度偏高。

活塞式制冷压缩机高低压串气的主要原因：吸、排气阀片损坏；吸、排气阀座、阀盖等的密封面破损，阀盖螺栓与阀盖的密封面破损；气缸套及纸垫损坏，活塞、气环、油环损杯；机体自带的安全阀损坏等。

复习思考题

1. 简述活塞式制冷压缩机轴封的工作原理。

2. 简述活塞式制冷压缩机轴封常见故障的产生原因及处理方法。

3. 简述活塞式制冷压缩机运行时出现异常声音的产生原因及处理方法。

4. 简述制冷系统蒸发器常见故障及处理方法。

5. 简述制冷系统冷凝器常见故障及处理方法。

6. 简述膨胀阀常见故障及处理方法。

7. 简述机械式温度控制器常见故障及处理方法。

8. 简述压力继电器常见故障及处理方法。

9. 简述热继电器的调整方法。

10. 简述制冷压缩机高低压串气故障的判断方法。

制冷系统维护与保养

制冷系统维护与保养包括日常维护保养与定期预防性检修。

日常维护保养包括值班运行、巡回检查、发现故障及时报警处理以及对设备的清洁处理等。

定期预防性检修是对制冷系统做预防性检查，早期发现故障及查找原因并为日常维护做准备。

日常维护保养主要是经常保持设备的各摩擦部件有良好的润滑条件，同时保持设备运转部件的正常温度和正常声音以及保持设备的清洁等工作。进行这些工作的目的是使设备经常处于正常运转状态，防止事故的发生。平时加强对设备的维护保养，虽然能延长设备的使用寿命，但不能防止正常的机械磨损或疲劳，有的间隙增大，有的丧失工作性能，致使零件表面的几何尺寸与机件间的相对位置发生变化，超过了设备出厂时要求的尺寸和公差配合，因此，制冷设备运行一定时间后，必须进行定期预防性检修，使设备恢复原来的精度和制冷效率，满足制冷的需求。

制冷系统可根据使用情况和时间进行检修。其中大修、中修、小修周期如下：大修→小修→小修→中修→小修→小修→中修→小修→小修→大修。

每一大修周期基本构成包括六个小修和两个中修。

4.1 活塞式制冷压缩机维护与保养

活塞式制冷压缩机能否经常处于完好的运转状态，防止事故发生，除了合理地操作之外，还要做好经常性的维护与保养，根据使用情况和零件的磨损规律，制订检修计划，有计划有步骤地进行维护与保养。

活塞式制冷压缩机维护与保养的具体内容如下：

4.1.1 活塞式制冷压缩机活塞环的更换方法

1. 活塞组

（1）活塞组的组成 活塞组由活塞体、活塞环及活塞销组成。典型的活塞组如图 4-1 所示。活塞组在连杆的带动下，在气缸内做往复运动，形成不断变化的气缸容积，在气阀等部件的配合下，实现气缸中工质的吸入、压缩、膨胀与排出过程。

（2）活塞环 活塞环是一个带开口的弹性圆环，如图 4-2 所示。在自由状态下，其外径大于气缸的直径，装入气缸后直径变小，仅在切口处留下一定的热膨胀间隙，靠环的弹力使其外圆面与气缸内壁贴合并产生预紧压力 p_k。活塞环分为气环和油环两种。气环的作用是保持气缸与活塞之间的密封性；油环的作用是刮去气缸壁上多余的润滑油，避免过量的润滑油进入气缸。

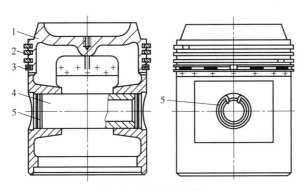

图 4-1 典型的活塞组

1—活塞体 2—气环 3—油环 4—活塞销 5—弹簧挡圈

1）气环：气环依靠节流与阻塞来密封，其密封原理是当气环装入气缸后，预紧压力 p_k 使环紧贴在气缸内壁上。制冷压缩机由于气缸工作压力不太高，活塞两侧压差不大，一般用 2~3 道气环。转速高、缸径小和采用铝合金活塞的制冷压缩机可以只用 1 道气环。

气环的截面形状多为矩形，其切口形式一般有直切口、斜切口和搭切口三种，如图 4-3 所示。其中以搭切口漏气量最少，但制造困难，安装时易折断。斜切口比直切口的密封能力强些，但直切口制造最方便。对于高速制冷压缩机而言，不同切口形状的漏气量相差不多，因此大多采用直切口。同一活塞上的几个活塞环在安装时，应使切口相互错开，以减少漏气量。

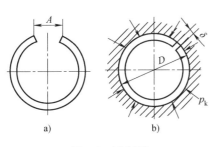

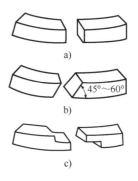

图 4-2 活塞环

a) 自由状态 b) 装入气缸后

图 4-3 气环的切口形式

a) 直切口 b) 斜切口 c) 搭切口

2）油环：压缩机运转时，气环不断地泵油，使润滑油进入气缸。为了避免润滑油过多地进入气缸，一般在气环的下部设置油环。图 4-4 所示为油环的两种结构形式。图 4-4a 所示为一种比较简单的斜面式油环，它的工作表面有 3/4 高度是做成带有斜度 10°~15° 的圆锥面，安装时，务必将圆锥面置向活塞顶的一面；图 4-4b 所示为目前制冷压缩机中常用的槽式油环结构，在它的工作表面上车有一道槽，以形成上下两个狭窄的工作面，在槽底铣有 10~12 个均布的排油槽。在安置油环的相应活塞槽底部应钻有一定数量的泄油孔，以配合油环一起工作。

活塞环制作材料要有足够的强度、耐磨性、耐热性和良好的初期磨合性等。目前常用的材料是含有少量 Cr、Mo、Cu 等元素的合金铸铁。在小型制冷压缩机中，近年来出现了使用聚四氟乙烯加玻璃纤维或石墨等填充剂制成的活塞环。它的特点是密封性好，使用寿命长，对气缸镜面几乎无磨损，虽然热膨胀系数大，易膨胀，但仍然是一种很有前途的材料。

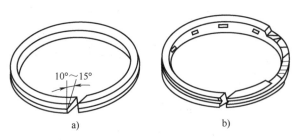

图 4-4　油环的两种结构形式

a）斜面式　b）槽式

为了改善第一道气环的耐磨性，可对其采用多孔性镀铬的表面镀层处理方法，此法不仅能够提高活塞环的使用寿命 1~2 倍，还可以使气缸的磨损量减少 20%~30%。

活塞环的加工要求比较高，如它的高度、厚度、闭口间隙、挠曲度、漏光度等均有严格的控制范围。对活塞环表面粗糙度的要求是：环两侧面 Ra 值为 $0.4\mu m$；外圆面 Ra 值为 $1.6\mu m$。

2. 活塞环的更换

（1）部件拆卸　拆卸顺序：拆卸气缸盖→拆卸排气阀组→拆卸曲轴箱侧盖→拆卸活塞组。

拆卸活塞连杆组时，应先拆卸气环和油环。拆卸方法有以下三种：

1）用两块布条套在环的开口上，两手拿住布条轻轻地向外扩张把环取出，注意不能用力过猛，以免损坏气环和油环。

2）用 3~4 根 0.75~1mm 厚、10mm 宽的铁片或锯条（磨去锯齿）垫在环与槽中间，便于环均匀地滑动取出。拆卸、装入活塞环的方法如图 4-5 所示。

3）用专用工具拆卸气环和油环，如图 4-6 所示。

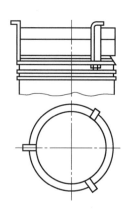

图 4-5　拆卸、装入活塞环的方法

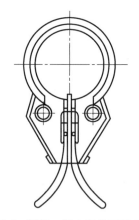

图 4-6　拆卸、装入活塞环的工具

（2）活塞环的检查

1）活塞环弹力的检查：活塞环弹力可用简易的仪器进行测量，如图 4-7 所示。

活塞环直径及弹力的标准值：直径为 40~100mm 的活塞环，其弹力为 $(1.08~1.37)\times10^5Pa$；直径为 100~300mm 的活塞环，其弹力为 $(0.49~1.08)\times10^5Pa$。如果弹力降低到原有值的 25%，应进行更换。油环的弹力约为气环弹力的 1/2。

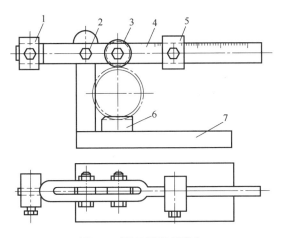

图 4-7   测量活塞环弹力

1—平衡锤   2—杠杆轴   3—滚子   4—荷重杠杆   5—重块

6—放环用带槽凸台   7—垫板

2）活塞环开口间隙的检查：将活塞环水平放置在气缸套内，用塞尺测量活塞环的开口间隙，活塞环开口的正常间隙为 0.5~0.65mm，如果超过正常间隙的 2~3 倍，必须更换新的活塞环。活塞环开口间隙的计算公式为

$$b_x = \frac{4}{1000}D$$

式中 b_x——开口间隙；

$\frac{4}{1000}$——允许活塞环开口间隙系数；

D——气缸套内直径。

以 12.5 系列制冷压缩机为例，其活塞环开口间隙应为 0.5mm。

3）活塞环轴向间隙的检查：用塞尺测量活塞环与环槽高度之间的正常间隙，一般为 0.05~0.095mm，如超过其间隙 1 倍以上，应更换新的活塞环。若活塞环高度磨损（轴向）达 0.1mm，也应更换新的活塞环。

若将新活塞环放置在活塞环槽中后，其轴向间隙仍超过上述要求，则表明活塞槽的高度已磨损，必须更换新活塞。

4）活塞环厚度的检查：用游标卡尺或外径千分尺测量活塞环的厚度。若活塞环厚度为 4.5mm，当其外圆面的磨损量达 0.5mm 时，应更换新的活塞环。

活塞环径向厚度与环槽的深度，其间隙应不小于 0.3mm。

活塞环的正常间隙与最大间隙见表 4-1。

表 4-1   活塞环的正常间隙与最大间隙   （单位：mm）

气 缸 直 径	环与环槽的轴向间隙		活塞环处于工作状态时在气缸内的开口间隙	
	正常	最大	正常	最大
≤100	0.05~0.07	0.15	0.5~0.6	2.50
>100~150	0.05~0.07	0.15	0.6~0.8	3.00

（续）

气缸直径	环与环槽的轴向间隙		活塞环处于工作状态时在气缸内的开口间隙	
	正常	最大	正常	最大
>150~200	0.05~0.07	0.15	0.8~1.0	3.50
>200~250	0.06~0.08	0.20	1.0~1.3	4.00
>250~300	0.06~0.08	0.20	1.3~1.5	4.50
>300~350	0.06~0.08	0.20	1.5~1.8	5.00
>350~400	0.06~0.08	0.20	1.8~2.0	5.50

（3）活塞环的修理更换与装配　活塞环磨损后会造成压缩机制冷能力下降，润滑油消耗量增加。

1）活塞环的修理与更换。常见活塞环的损坏形式为开口间隙增大和弹性丧失。

① 活塞环失去弹性的修理方法：一是将活塞环放在台虎钳上，并垫上软金属片或石棉橡胶纸板夹牢后，在活塞环的背面隔一定的距离进行冲眼或滚螺纹，以暂时恢复其弹性，待有新的活塞环时再加以更换；二是为了增加活塞环的弹性和减少与气缸套的磨损，可以用车床在活塞环外圆面车削一条燕尾槽，镶上磷青铜条，高出表面 0.5mm 左右，使高出的磷青铜与气缸壁摩擦。

② 更换新活塞环：在更换新活塞环时，应将活塞环水平放置在气缸套内，并用圆盖板（石棉橡胶纸板）遮住活塞环中的空内圆，把灯光放在气缸套下部，然后观察其与缸壁的接触情况，如果圆周的漏光弧长总和不超过 60°，在环的开口两侧 30° 范围内无漏光，而漏光处的间隙在 0.04mm（旧环不超过 0.02mm）以内的即为合格，如图 4-8 所示。超过 0.04mm 的间隙为不合格。

若新活塞环的开口间隙过小，可用细锉刀加以修整，以达到规定要求。若新活塞环的轴向间隙过小，表明活塞环的轴向高度大，可以将活塞环放在平板或玻璃板上，采用研磨的方法修整活塞环的高度。

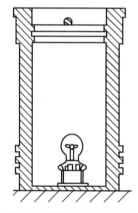

图 4-8　活塞环的光隙检查

2）活塞环的装配。将活塞环往活塞上装配时，可用细绳扎于开口两侧，将活塞环套在活塞上部，双手拉细绳，使开口拉开的距离恰好从活塞外圆通过，将活塞环装上。但应注意的是：拉开开口时，不要用力过猛，以免活塞环折断，造成不应有的损失。

当活塞环与压套相接触时，用手挤压切口，逐个送入。在放入活塞环的过程中，为提高此活塞的密封性，应将各切口错开成 120° 角。装配时还应检查开口间隙，不得超过活塞环直径的 15/1000；活塞环与环槽的端面间隙不应超过规定的要求。

4.1.2　活塞式制冷压缩机装配间隙的测量方法

1. 气缸余隙的测量方法

将适当直径的熔丝放置在活塞顶部，前后左右共放 4 处（点），装好排气阀组、安全压板弹簧，盖好气缸盖，慢慢转动飞轮 2~3 圈，使活塞上行至上止点，熔丝受活塞顶平面和排气阀座下平面挤压，呈扁平形。取出熔丝，用千分尺测量熔丝的厚度，取其 4 点的平均值，即为活塞上止点间隙。

2. 活塞与气缸间隙的测量方法

用塞尺测量活塞与气缸配合面的上、中、下三个部位的间隙。测量时仍分 4 点进行。为了使测量结果更精确，当上述测量完毕之后，将活塞环全部取出，再做一次测量，并记录测量数据，供分析参考。

3. 活塞环间隙的测量方法

将活塞组取出气缸，用塞尺直接测量活塞环与环槽的轴向间隙，而活塞环的开口间隙，是活塞环放入相当于气缸公称直径的量规（按基孔制二级精度的孔公差制造，供检修用）中，用塞尺测量。另外，还可用灯光漏光法测定活塞环与气缸的接触情况，或者用塞尺测量活塞环与气缸壁的间隙。

4.1.3　活塞式制冷压缩机连杆的检修方法

活塞式制冷压缩机的主要部件有机体、曲轴、连杆、活塞、气缸套及吸排气阀组合件、润滑系统、能量调节装置和轴封等。其中，连杆的作用是将曲轴的旋转运动转换为活塞的往复运动，并将曲轴输出的能量传递给活塞，如图 4-9 所示。

连杆与曲轴销连接的一端称为大头，与活塞销连接的一端称为小头，大头与小头之间的部分称为连杆身，如图 4-10 所示。它采用可锻铸铁制成，大头为斜剖式，以便于从气缸中取出活塞连杆组件。

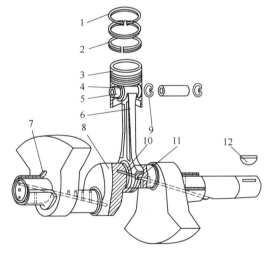

图 4-9　曲柄连杆机构

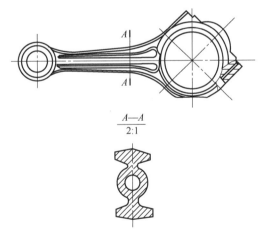

图 4-10　连杆

1—气环　2—油环　3—活塞　4—连杆小头衬套　5—活塞销
6—连杆　7—立轴承　8—曲轴　9—活塞销挡圈
10—连杆大头轴瓦　11—连杆螺栓　12—键

1. 连杆大头轴瓦的检修

连杆大头轴瓦有两种：一种是薄壁轴瓦，另一种是厚壁轴瓦。厚壁轴瓦只在一些旧产品中尚有使用，它的趋势是逐步淘汰。而薄壁轴瓦具有很多优点：尺寸小，重量轻，与连杆大头孔接触良好，散热性能好，成本较低。

在检修连杆大头轴瓦时，应该注意检查轴瓦与轴颈的间隙以及轴瓦耐磨合金的表面状况。

大头薄壁轴瓦与轴颈的间隙可以用塞尺从侧面塞入进行检查，也可以将连杆取出来，装好轴瓦和大头盖，旋紧连杆螺栓，然后用内径千分表测量轴瓦的内径尺寸，再用千分尺测量轴颈的尺寸，计算求出轴瓦与轴颈的间隙，此间隙应符合技术要求的规定。如果对此间隙没有相关规定，一般该间隙取轴颈直径的 1/1000。

大头厚壁轴瓦与轴颈的间隙可以用增减大头剖面上垫片的方法予以调整，接触面不均匀时可以用刮削的方法来修理。刮削连杆大头厚壁轴瓦的方法为：先在曲轴颈表面上涂一薄层有色涂料，再将连杆按正确的方向和位置装上，适当旋紧连杆螺栓，转动连杆数圈，卸下连杆大头盖，用三角刮刀刮削。刮削时，刮刀刃口与刮削面约成 30°角，每次刮削一层很薄的合金表面。刮削是从轴瓦的剖面开始，逐渐向轴瓦中间扩展。反复进行若干遍，直到轴瓦与轴颈接触面积达到总面积的 80% 以上，且连杆大头轴瓦中部约 100°内的弧面能均匀地与轴颈接触，在 25mm×25mm 的面积内接触斑点数不少于 7 个点，径向间隙应符合要求。应注意的是，在靠近油槽附近的 5mm 范围内不要刮去接触面，以免润滑油泄漏过多。

大头薄壁轴瓦耐磨合金层很薄，一般厚度只有 0.3～0.7mm，因此，磨损量不允许超过0.2mm。在检修时，如果发现耐磨合金层上有轻微的拉毛或划痕，可用刮刀稍微刮削来修复；如果划痕多且较深，或有过热烧毁或磨损较大，通常采取更换新轴瓦的方法。一般新换的薄壁轴瓦不需要刮削，但是，若间隙过小或薄壁轴瓦本身留有一定的刮削余量，可以稍加刮削修整，直至满足要求。

对大头薄壁轴瓦安装要注意以下几个问题。

1）轴瓦油孔周围的毛刺应刮去，经刮削的轴瓦清洗干净方可装配。

2）薄壁轴瓦装入连杆大头后，若在剖面上稍有凸出，拧紧螺栓后轴瓦受压而固定，这样可保证轴瓦与连杆大头孔紧密接触，因而装配后不得将凸出部分锉平。

3）不允许在连杆大头剖面加垫片，因为加垫片会使大头呈椭圆形，影响其使用。

4）当连杆螺栓旋紧后，大头轴瓦仍有松动，不能加垫片，可以更换新轴瓦。

2. 连杆小头衬套的检修

小头衬套也称为小头瓦，常用耐磨的锡磷青铜，也有用粉末冶金制成的，其硬度比活塞销低，磨损量较大。小头衬套做成整体的筒状，镶入小头销孔内，与活塞销的间隙一般控制在活塞销直径的 1/1000 左右。为了防止小头衬套产生松动，衬套与连杆小头销孔采用紧密配合，检修时，如果小头衬套磨损严重，达到 0.1mm，或者小头衬套有严重拉毛现象，就应该更换新的连杆小头衬套。

更换小头衬套时应注意以下几个问题。

1）更换前，检查新衬套上是否有油孔及其尺寸是否合适。

2）小头衬套压入连杆小头，其内孔应有 0.04～0.06mm 的加工余量，可进行机械或手工铰削加工。

3）对于小型压缩机的连杆，可以将铰刀夹紧在台虎钳上，手持连杆，使铰刀插入小头衬套孔内，边转动边推进连杆，并且在铰削过程中不断用活塞销试配，直到用手掌力就可将活塞销推入为止。

4）要求小头衬套内表面粗糙度值低，不能有明显刀纹，圆柱度和圆度误差都不能大于 0.01mm，目的是保证小头衬套与活塞销配合良好。

3. 连杆的检修

连杆是压缩机中受力较大的部件，应有足够的强度、刚度和韧性，并且要求其重量轻，惯性小。连杆一般用 40 或 45 优质碳素钢锻造，也有的用球墨铸铁或锻铝等材料制造。连杆身截面多为 I 字形，在杆身中间钻有一长孔，作为油道，检修时注意疏通并清洗油道。另外，连杆经过实际运转，在交变应力或者因运转事故造成的冲击载荷等作用下，杆体很可能产生变形，甚至出现裂纹，因此要仔细进行检查。

1）连杆大小头孔中心线平行度误差的检查。对连杆大小头孔中心线平行度的要求是，偏差不允许超过 0.03mm/100mm。测量时，将连杆和曲轴放在测量装置上且呈垂直状态，使曲轴销处于最低位置，用千分表测量活塞销的倾斜度，并将倾斜量和倾斜方向做好记录。然后将曲轴转动 180°，仍使连杆处于垂直位置，再用千分表进行测量，两次测量所得的差值即为两孔中心线的平行度偏差。

2）连杆中心线扭转度的检查。将装有连杆的曲轴放在 U 形铁上，连杆也用 U 形铁支承。首先校正曲轴两端的主轴颈，然后将曲轴转动 180°，连杆不转。若小头中心线与曲轴中心线处在同一平面上，则表明连杆中心线无扭转。如果曲轴销在第一及在第二位置时，用千分表测量出活塞销向一面倾斜，即表示连杆大头轴瓦孔中心线与小头衬套中心线不在同一平面上，说明连杆中心线有扭转现象。

3）连杆螺栓的检查。连杆螺栓是曲柄连杆机构中受力较大的零件，其不仅承受反复的拉伸的作用，而且还承受振动和冲击作用，很容易松脱和断裂，以致引起严重事故。常用的连杆螺栓材料为 40Cr、45Cr、35CrMoA、40CrMoV 等优质合金钢。连杆螺母用 35 或 40 优质碳素钢制成，并且一般用开口销固定。

每次检查连杆时，均应仔细检查连杆螺栓的螺纹有无损坏，特别是过渡圆角处有无裂纹，如果有裂纹就必须更换。当发现螺栓长度的残余变形超过 2mm/1000mm，或者螺纹配合松弛时，也应该更换，以免造成事故。

4）连杆的修复。在检查过程中，如果发现连杆的任何部位出现裂纹或断裂现象，都必须更换新连杆，不允许用电焊、铆接或其他方法进行修补，否则会造成严重事故。

在检查过程中，如果发现连杆出现轻微变形、弯曲或扭转，允许进行校正，但是不得影响部件尺寸允许的偏差和表面粗糙度。如果变形较大，应更换。

大小头孔内表面和大小头端面应光洁，不得有磨损、拉毛及划痕。检修时，可用细砂布浸入油中轻轻磨去铁锈，再用金相砂纸抛光。

在检查过程中，根据连杆大头轴瓦磨损情况，可重新浇注巴氏合金，再加工，以符合尺寸及间隙要求。

4.2　制冷系统辅助设备维护与保养

4.2.1　使用化学药剂清洗冷凝器

制冷系统水冷式冷凝器中有水垢，水垢的生成是极其复杂的物理化学变化过程。由于水垢的导热系数极低，仅为金属的 $1/300 \sim 1/15$，直接影响冷凝器的换热效率。

水垢形成的具体条件差别很大，组成也十分复杂，按其化学成分大体可分为：

① 碳酸盐水垢，以碳酸钙（$CaCO_3$）为主。

② 硫酸盐水垢，以硫酸钙（$CaSO_4$）为主。

③ 硅酸盐水垢，多为硬硅钙石（$5CaO \cdot 5SiO_2 \cdot H_2O$）。

④ 混合水垢，由钙镁的碳酸盐、硫酸盐、硅酸盐以及铁的氧化物等组成。

⑤ 含油水垢，其组成很复杂，油脂含量在 5% 以上。

⑥ 水渣，若过多会堵塞冷凝管路。

水垢的清洗方法常用的有化学清洗方法、物理清洗方法、磁化除垢方法和机械清洗方法。

1. 碱、酸清洗除垢机理

用碱清洗除垢的机理是：对油脂的皂蚀作用；对硅酸盐水垢的溶解作用；对硫酸盐水垢的转化作用。

用酸清洗除垢的机理是：酸与水垢溶解作用、剥离作用、疏松作用。

2. 化学清洗水垢常用的药剂

（1）常用的酸洗剂　常用的酸洗剂包括盐酸、硝酸、氢氟酸、铬酸等无机酸和氨基磺酸、柠檬酸、乙酸、甲酸、羟基乙酸等有机酸。

（2）常用的碱洗剂　常用的碱洗剂包括氢氧化钠、碳酸钠和磷酸三钠。

（3）常用的钝化剂　常用的钝化剂包括亚硝酸钠（污染环境）、磷酸盐、碳酸钠、联氨和双氧水等。

3. 使用化学药剂清洗冷凝器的工艺及要求

使用化学药剂清洗除垢工艺包括污物清除（清洁水冲洗）、酸洗（或碱洗）中和、水冲洗及钝化等。具体工艺及其要求如下：

（1）取样分析　清洗前，必须查明结垢的程度、结垢的主要成分、结垢的重量（g/m^2），这样可以精确计算出药剂用量，采用酸洗法或碱洗法，并制定出清洗方案及要求。

（2）制定清洗方案　根据酸洗或碱洗技术规程，或根据所选药剂说明书要求，制定出完整正确的清洗方案，包括配制清洗液的温度、浓度，清洗工艺流程，清洗液流速、流量及清洗时间等。

在清洗时，应按照清洗方案实施，最后的冲洗和钝化环节也要严格控制。其准备工作如下：

1）材料准备：酸洗剂或碱洗剂及钝化剂等。

2）工具、量具准备：常用各种工具、仪表、泵、容器、管件和连接管等。

3）劳保用品：防护工作服、工作鞋、劳保手套和护目镜等。

（3）操作工艺步骤

1）管路连接。首先拆除冷凝器的冷却水管路，然后将清洗设备、管路、容器循环回路按一定要求，正确、合理连接，做到安全牢固。

2）污物清除（清洁水冲洗）。化学药剂清洗前，应当用清洁水冲洗冷凝器内堆积的沉渣和污物，如果管路发生堵塞应当进行疏通。冲洗时，水的流速为 0.15m/s 以上，冲洗后排尽系统内的水。

3）配制洗液。按取样分析确定的配比，配制清洗液，包括确定酸洗液或碱洗液的温度、浓度、数量等，配制时，要充分搅拌，达到均匀后再倒入清洗设备的容器内。一般的清洗液中还要添加一定比例的缓蚀剂。例如：盐酸水溶液浓度为10%，每1kg盐酸水溶液中加入0.5g缓蚀剂。

4）酸洗（或碱洗）。将用清洁水冲洗后的冷凝器进出水管接头接于酸洗系统中，如图4-11所示。酸洗液从冷却水出口流入循环槽，经槽中过滤网过滤后重复循环使用。在清洗过程中，监测酸洗情况，有无气泡析出，或定时检测酸洗液中酸的浓度、金属离子（如Fe^{2+}、Fe^{3+}、Cu^{2+}）浓度、温度和pH值等。当无气泡析出或金属离子浓度曲线趋于平缓时，酸洗过程应停止。

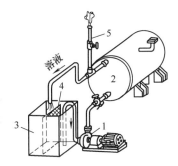

图4-11　酸洗除垢流程
1—泵　2—冷凝器　3—循环槽
4—过滤网　5—排气管

5）中和作用。酸洗液清洗结束后，还可用碱洗液，其目的是起中和作用，将某些酸洗处理不掉的水垢洗出，同时保护设备不受腐蚀。用质量分数为19%的NaOH溶液（烧碱）或质量分数为5%的$NaCO_3$溶液循环清洗15min即可。

6）冲洗干净。酸洗液、碱洗液清洗结束后，再用清洁的软化水反复冲洗30min，必须将残渣、酸、碱彻底冲洗干净，视水清为止。

7）钝化处理。清洗结束后，水垢和金属氧化物绝大部分被溶解脱落清除，崭新的金属显露出来，但极易发生腐蚀，因此，需要进行钝化处理。在系统循环下，加入$Na_3PO_4 \cdot 12H_2O$，使其质量分数达到1%~2%，同时加入氢氧化钠调整pH值至11~12，钝化液浓度均匀后停止循环。

8）气压试漏。使用化学药剂清洗除垢冷凝器以后，应对冷凝器进行气压试漏，以检查冷却管在除垢后是否损伤而渗漏。

9）记录归档。清洗过程中的取样化验、制定清洗方案、操作工艺流程、配制清洗液浓度数据、清洗结果、气压试漏等，都应如实做好记录，整理归档，以备查用。

使用化学药剂清洗冷凝器的注意事项如下：

1）注意人身安全

① 操作场地宽敞，通风良好。

② 遵守安全操作规程，文明操作。

③ 配制清洗液时要谨慎操作。

④ 在清洗过程中，设有专人安全监护，防止意外事故发生，连续作业时间不宜过长，应控制在30min以内。

2）注意设备安全

① 要按结垢取样分析结果制定清洗方案，选择清洗液种类和浓度，确保清洗液浓度适当，目的是保障设备安全。

② 要按时检测酸洗液浓度、金属离子浓度，保障设备清洗安全，避免过度清洗，出现设备损伤而渗漏。

4.2.2 冷却水泵的工作原理与维护

泵是一种将原动机（电动机）的机械能转变为被输送流体的动能和压力能，即给予被输送流体能量的流体机械。制冷空调系统中循环的冷却水，靠冷却水泵连续工作来输送，使得冷却水把水冷式冷凝器的热量带到冷却塔，不断与塔下部进入的室外空气进行热湿交换。驱动冷却水循环流动所采用的水泵绝大多数是卧式单级单吸悬臂式离心泵。

1. 离心泵的基本结构

图 4-12 所示为单级单吸式离心泵的结构，其主要组成包括泵体（蜗壳、叶轮等）、吸水管路、压水管路及其附件等。

工作时，泵的吸水口与吸水管相连接，出水口与压水管相连接，共同组成吸水-增压-排水通道。

图 4-13 所示为单级单吸卧式离心泵的结构。

1）叶轮：是离心泵的主要零部件，是对液体做功的主要元件。

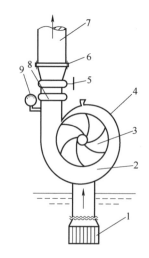

图 4-12　单级单吸式离心泵的结构
1—底阀　2—压水室　3—叶轮
4—蜗壳　5—闸阀　6—接头
7—压水管　8—止回阀　9—压力表

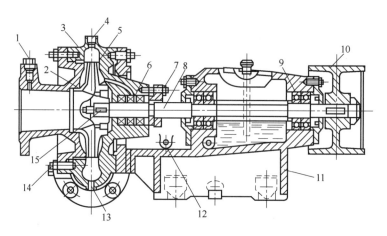

图 4-13　单级单吸卧式离心泵的结构
1—真空表接孔　2—减漏环　3—泵壳　4—灌水孔　5—叶轮　6—填料盒
7—填料压盖调节螺栓　8—泵轴　9—轴承座　10—传动轮　11—泵座
12—泄水孔　13—放水孔　14—压力表接孔　15—键

2）泵轴：是用来传递转矩，使叶轮旋转的。

3）泵壳：是用来固定部件，收集来自叶轮的液体，并使液体的部分动能转换为压力能，最后将液体均匀地导向排出口。

4）泵座：是用来固定水泵的。

5）填料盒：是常用的一种轴封装置。填料盒中的填料又称为盘根，起阻水隔气的密封作用。

6）减漏环：用来减少泵壳内高压水向吸水口的回流量，提高减漏效果。减漏环又称为承磨环，是一个易损件。

7）轴承座：是用来支承轴的。

8）轴向力平衡措施：在水泵叶轮上作用有一个推向吸入口的轴向力而且数值相当大，必须采用专门的轴向力平衡装置来解决。单级单吸式离心泵采取在叶轮的后盖板上钻平衡孔，并在后盖板上加装减漏环的措施。

2. 离心泵的工作原理

对于离心泵，在起动前，泵壳和吸水管道内充满了空气，必须先用水将泵壳和吸水管道内的空气排出，也就是泵壳和吸水管道内灌满水，否则，起动离心泵时，由于空气的阻力，吸水池中的水不能吸进管道内。

接通电源，按下电动机起动按钮，驱动电动机会带动泵轴旋转，这时，也带动叶轮和水做高速旋转运动。这时水在叶轮里获得动能。

在水获得动能时，水还受到离心力作用，被加速甩出叶轮，经蜗壳中的流道而流入离心泵的压出管道。在这一过程中，水的部分动能转变成压力能，即速度水头转变为压力水头，也就是水的部分动能转化为出口水的压力能。

在水的部分动能转化为出口水的压力能的同时，离心泵叶轮中心处由于水被甩出而形成真空，吸水池中的水便在大气压力作用下沿吸水管道而源源不断地流入叶轮的吸入口，水又受到叶轮的作用而高速旋转。这样就形成了离心泵的连续输水。

由此可见，离心泵的工作全过程实际上是能量传递和能量转换的过程，而且能量传递和能量转换是有条件的。第一，在泵起动时，如果泵内充满空气，则由于空气密度远比水的密度小，叶轮在电动机的带动下旋转后，空气产生的离心力也很小，使叶轮吸入口中心处只能造成很小的真空，不足以使水进到叶轮中心，泵就不能进水和出水，这就是要形成真空的条件；第二，泵要得到机械能的条件，即电动机高速旋转的机械能经过离心泵而转化为水的动能和压力能。另外，离心泵的工作同样遵循能量守恒定律，在能量转化过程中，必须伴随着能量的损失，从而影响离心泵的效率，即能量损失越大，离心泵的性能就越差，工作效率就越低。

3. 离心泵的维护

为了使离心泵能安全、正常地运转，为冷却水系统的正常运转提供基本保证，就要做好离心泵运转前、起动、运转中的检查工作及定期的维护保养工作，保证离心泵有一个良好的工作状态，发现问题后能够及时解决，出现故障也能及时排除。

（1）离心泵起动前的检查与准备　离心泵轴承的润滑油是否充足、良好；离心泵及电动机的地脚螺栓与联轴器螺栓是否脱落或松动；离心泵壳和吸水管道内是否全部充满水，如果从手动放气阀出来的只有水而没有空气，认定为充满水，如果将出水管也充满水，则更有利于一次开机成功，在充水的过程中，要做到空气排放干净；轴封是否有漏水，漏水或滴水数过多，应查明原因，排除故障；把出水管的阀门关闭，以利于离心泵起动。如果装有电磁阀，则应把手动阀打开，电磁阀处于关闭状态，并且要求起闭灵活、可靠；对于卧式离心泵，还要用手盘动联轴器，看离心泵叶轮是否能够转动，如果不转动，应查明原因，并且消除隐患，以利于离心泵的起动。

（2）离心泵起动的检查　离心泵的起动检查实质是起动前停机状态检查的继续，只有当离心泵转动起来，才能发现问题，否则发现不了。例如：叶轮的旋转方向是否正确，只有通过点动电动机才能看出叶轮的旋转方向是顺时针还是逆时针，以及转动是否灵活可靠。此时如果发现有问题，应及时查找原因，并且解决。

（3）离心泵运转中的检查　当离心泵较长时间运转时，有些问题才会显现出来，这就要求操作人员着重注意以下几方面：

1）在运行过程中，电动机不允许温升过高，也不能有异味产生。

2）轴承应润滑良好，正常温度不应超过环境温度 35～40℃，轴承本身最高温度不得超过 80℃。

3）轴封和管接头等处不能有漏水现象。

4）离心泵运转时的声音不能异常，要在正常范围内且振动也在正常范围内。

5）离心泵和电动机的地脚螺栓及其他各部分连接螺栓都无松动。

6）离心泵进水管、出水管的软连接应无明显变形，能起到减噪隔振的作用。

7）转速在规定或调控的范围内。

8）测量电流数值在正常范围内。

9）测量压力表指示正常、稳定且无剧烈抖动。

10）出水管上的压力表读数与工作过程相适应。

（4）离心泵运行保养

1）对于采用机械密封的离心泵，不允许在断水状态下运转。调试时，也只能做瞬间的点动。在正常运转时，机械密封的摩擦环处不应有滴水现象，若有就应该检修或更换摩擦环。

2）对于采用半封闭型轴承的离心泵，因为出厂时已经填充了高温润滑油脂，一般运行两年后就需要每年更换一次新的润滑油脂。

3）如果离心泵的叶轮损坏或叶轮内存有异物，应拆下轴承体和后盖，从后面拉出轴和叶轮进行检修，泵体及进出水管可以不动，严重无法修理时更换即可。

4）应储备有离心泵的易损件，如联轴器的弹性块、机械密封后动静摩擦环、O 形橡胶密封圈等。

5）离心泵在运行的第一个月，当达到 100h 后，就应更换托架内的润滑油；之后，每运行 200h 更换一次润滑油，每运行 500h 就更换一次润滑油。

（5）定期维护保养工作　为了使离心泵能够安全、正常地运行，还需要做好定期的维护保养工作，主要有以下几方面。

1）离心泵的加油。如果离心泵的轴承润滑采用润滑油，每个班次都应观察油位是否在油镜中线附近，欠油时应随时补充。离心泵的轴承一般应每年清洗一次并更换润滑油。润滑油可使用 N32 号或 N46 号机械油。离心泵的轴承采用润滑脂润滑，应每运转 2000h 更换一次。润滑脂最好选用钙基脂。

2）离心泵密封圈的更换。离心泵每运转 2000h，应检查叶轮和密封圈配合处的间隙，不能磨损过大。对于吸水管直径小于或等于 100mm 的离心泵，其径向间隙最大不得超过 1.5mm；对于吸水管直径大于或等于 150mm 的离心泵，其径向间隙最大不得超过 2mm。如果超过此数值,应更换密封圈。

3)离心泵轴封的更换。由于填料使用一段时间后,就会磨损,当发现漏水或水滴数超标时,就应压紧或更换新轴封。对于采用普通填料的轴封,泄漏水量一般在 30~60mL/h 范围内;对于机械密封的轴封,泄漏水量一般不得大于 10mL/h。

(6)离心泵的解体检修 一般情况下,每年应对离心泵进行一次解体检修,内容包括清洗和检查两项。清洗叶轮内外表面的水垢、叶轮流道内的水垢,清洗泵壳内表面及轴承。在清洗过程中,还应对离心泵的各个部件进行详细认真的检查,特别对叶轮、密封圈、轴封、轴承、填料等部件要重点检查,以便确定是否需要修理或更新。

1)离心泵的除锈涂装。离心泵工作环境为潮湿的空气,易造成泵体表面生锈,因此,每年应对离心泵的泵体表面进行一次除锈涂装。

2)放水防冻。如果离心泵长期停用,应将离心泵拆开,把零部件擦拭干净,并且将运动部位涂上缓蚀油脂,放在储存架上妥善保管,以备使用。

4.2.3 制冷剂泵的工作原理与维护

在大、中型氨制冷装置中,常采用氨泵将低压循环桶内的低温低压下的饱和氨液强制送入蒸发器,以增加制冷剂在蒸发器内的流动速度,提高传热效率,缩短降温时间。

用液泵供液的氟利昂制冷系统,目前很少,仅在个别引进的大型氟利昂制冷系统的冷库中采用。

在制冷与空调工程中常用的氨泵有齿轮泵和离心泵。离心泵又分为普通离心泵(叶轮泵)和屏蔽泵(屏蔽式离心泵)。

1. 氨泵

(1)齿轮式氨泵 齿轮式氨泵是旋转泵的一种,其是容积转子泵。齿轮泵工作时,靠一对啮合转动的螺旋斜齿轮不断地吸液和排液,以一定的压力把氨液排出。

(2)离心式氨泵 离心式氨泵是一种速度型泵,其依靠叶轮旋转产生的离心力,将氨液以一定的速度从排液口排出,从而产生一定的出口压头。

离心式氨泵常用的有单级和双级两种,结构基本相同。图 4-14 所示为 D40 双级离心式氨泵。

离心式氨泵主要由泵体、叶轮、轴封装置和油包四大部件组成。它的两个叶轮分别安装在隔板组的中间串联成双级,叶轮孔中有键槽,用半圆键与泵轴连接。轴封为双端面机械密封,密封采用橡胶圈,在两个静环的背面都装有耐油橡胶圈;在两端动环的环槽内也设有耐油橡胶圈,并且在橡胶圈的内侧各有一个垫圈,这样密封就很全面。图 4-14 所示油包是用于泵润滑的部件,在它的壳体侧面装有视油镜,用以观察泵体内油面的高度。在壳体下部用管子连接轴封室。连接管中装有弹簧、钢球和阀杆,三件组成加油阀。当向下拧阀杆时,压迫钢球向下移动,形成通路加油。加油完毕后,再向上拧阀杆,这样在弹簧的弹力作用下,钢球向上移动,隔断通路。

(3)屏蔽泵(屏蔽式离心泵) 在制冷空调工程中,还需要用到另外一种泵,要求这种泵具有耐蚀、零泄漏等功能,就是要求泵无泄漏,即屏蔽泵。在结构上,它只有静密封而没有动密封,因此能在输送液体时保证不发生泄漏。

制冷工（高级）

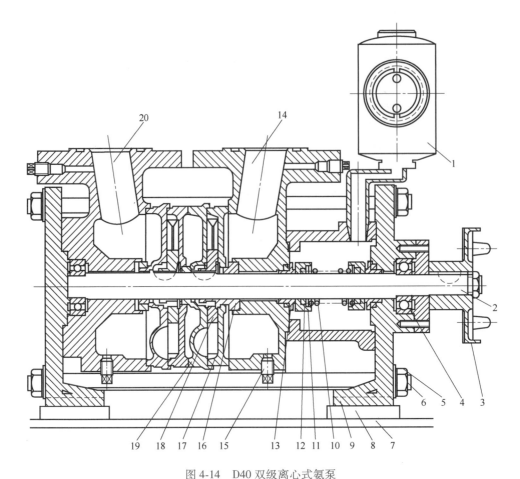

图 4-14　D40 双级离心式氨泵

1—油包　2—泵轴　3—联轴器　4—深沟球轴承　5—六角螺母　6—长螺栓　7—机座　8—垫铁
9—托架　10—弹簧　11—垫圈　12—动环　13—静环　14—泵进口　15—管塞　16—定位圈
17、19—隔板　18—叶轮　20—泵出口

　　1）屏蔽泵的结构与工作原理：屏蔽泵也是一种离心泵，泵体和驱动电动机被封闭在一个被泵送介质充满的压力容器内，此压力容器只有静密封。图 4-15 所示为单级卧式屏蔽泵。该泵的主要零件有泵体、叶轮、滑动轴承、电动机转子和定子以及屏蔽套等。泵的吸入、排出口与泵体铸成一体，排出口与轴线垂直。电动机定子的内腔与电动机转子外表面上各包一层用耐蚀、非磁性材料做成的圆筒形屏蔽套，使电动机的绕线转子与所输送的液体分开，以避免液体对转子和定子的腐蚀。泵的前后还有两个滑动轴承。

　　在屏蔽泵中，由于泵和电动机连在一起，电动机的转子和泵的叶轮固定在同一根轴上，并且利用屏蔽套将电动机的转子和定子隔离，转子在被输送的介质中运转，所以动力是通过定子磁场传递给转子的。至于屏蔽泵的液力端，可以按照一般离心泵采用的结构形式和有关标准、规范而设计制造。另外，在定子与转子之间设有 0.7mm 左右的径向间隙。当泵工作时，泵送的部分液体经径向间隙可以对电动机冷却，从而解决了因机械密封而导致输送介质的易泄漏、污染环境、运行可靠性差、维护困难等问题。这种结构取消了其他离心泵具有的旋转轴密封装置，能做到完全无泄漏。

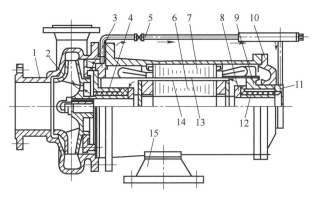

图 4-15 单级卧式屏蔽泵

1—泵体 2—叶轮 3—后封环 4—前滑动轴承 5—循环过滤器 6—转子 7—定子 8—推力板
9—后轴承座 10—后盖 11—后端盖 12—轴套 13—定子屏蔽套 14—转子屏蔽套 15—底座

2) 屏蔽泵的维护：从结构上，屏蔽泵由离心泵和三相异步屏蔽电动机同轴构成。它不需要机械密封且无泄漏，适用于输送各种有毒、有害及贵重的液体。在正常运行的情况下，几乎没有任何维修工作量，但要进行定期检修，方能保证可靠运行。

SPG 系列管道屏蔽泵如图 4-16 所示。

屏蔽泵采用石墨轴承，依靠所输送的液体来润滑，轴承的磨损情况对运行的可靠性很重要。为了监视轴承的磨损状况，装有机械式或电磁式的轴承监视器。当轴承的磨损量超过规定的数值时，监视器表盘的指针会指向红区，即"报警"。此时应立即停止运转，进行检查。如果轴承的磨损量已超过极限值时，应更换新的石墨轴承，否则就有可能造成定子、转子屏蔽套相摩擦，直至屏蔽套损坏，导致液体介质侵蚀到定子线圈等处，造成电动机损坏。

屏蔽泵损坏的几种主要情况如下：

① 石墨轴承、轴套和推力板磨损或润滑液短缺发生干磨损坏。

② 定子、转子屏蔽套损坏。造成屏蔽套损坏的原因主要有两个：一是轴承损坏或磨损超过极限值而造成定子、转子屏蔽套相摩擦而损坏；二是由于化学腐蚀造成焊缝等处产生泄漏。

③ 定子线圈损坏。普通的电动机有过载、匝间短路、对地击穿等原因造成定子线圈损坏，屏蔽泵电动机也有这些损坏情况。但是，还有因定子屏蔽套先损坏，而导致介质侵蚀电动机的线圈，使线圈绝缘遭到损坏。

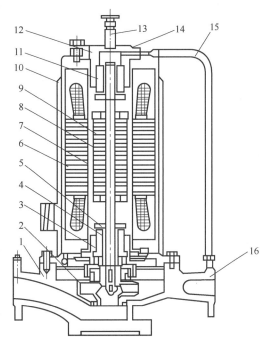

图 4-16 SPG 系列管道屏蔽泵

1—泵体 2—叶轮 3—平衡端盖 4—下轴承座
5—推力板 6—定子组件 7—定子屏蔽套
8—转子屏蔽套 9—转子组件 10—机座
11—轴套 12—石墨轴承 13—排出水阀
14—上轴承座 15—循环管 16—过滤网

93

综上所述，为了避免和减少屏蔽泵的突发损坏事故，需要定期检修。屏蔽泵的检修是一项专业性较强、有一定难度的工作。当轴承监视器发出"报警"时，必须立即进行检修。一般情况下，应对屏蔽泵每年检修一次。屏蔽泵的检修方法是：如图 4-17 所示，首先，将屏蔽泵进行解体，对各个零件进行清理；其次，对各个零件进行外表观察、检查，看是否有异常现象；再次，对关键部位的尺寸进行逐一测量；接着，对电动机的线圈做电气检查；最后，重新组装并加以完善。

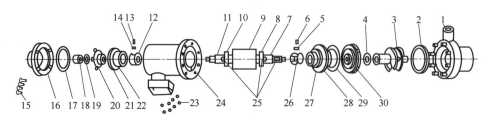

图 4-17　SS 型屏蔽泵

1—泵壳　2、17—角型密封圈　3—诱导轮　4、19—内舌垫片　5、14—垫片　6、13—紧定螺钉

7—前轴套　8—前推力板　9—转子　10—后推力板　11—后轴套　12—后轴承

15—内六角螺栓　16—后泵盖　18—锁紧螺母　20—辅助叶轮　21、27—销

22—后轴承座　23—螺母　24—定子组件　25—键　26—前轴承

28—前轴承座　29—过滤网　30—叶轮

① 机械检查。测量石墨轴承的孔径与轴套的轴径，并察看它们配合面的表面粗糙度。对于石墨轴承与轴套的配合间隙，标准规定：0.55～11kW 的配合间隙为 0.40mm；15～45kW 的配合间隙为 0.5mm；当配合间隙超过标准值或配合面表面粗糙度不良时，可根据情况更换轴承、轴套或推力板。

测量及检查叶轮的上、下外止口和与它们相配合的扣环及泵座内径的尺寸，看这两个配合间隙是否达到规定标准范围。超过标准值就需要更新或修复。对定子、转子屏蔽套的外表情况进行观察，尤其是焊缝处，有无异常现象，必要时应做探伤和检漏检查，并且有必要对转子连同叶轮做动平衡检测。

② 电气检查。检查转子和定子腔有无伤痕、摩擦痕迹或小孔，损坏严重时换上新电动机。检查电动机绝缘电阻，要求绝缘电阻大于 10MΩ。如果因绝缘受潮，可进行干燥处理；如果定子屏蔽套有问题，可以更换新的屏蔽套。

③ 重新组装和完善工作。重新组装时按照拆卸相反顺序进行即可，需要注意以下几点。

清洁所有部分，如放垫片的表面、O 形环的槽、使用新的垫片和新的 O 形环。

按照拆卸零件时所做的记录装配，不要弄错。例如：电动机电线的记号，电动机与泵法兰上的位置记号，径向轴承和推力轴承的位置和方向记号。

更换轴承时，先将垫片放入轴承外圈的横向槽内，再将轴承推入轴承座中，把紧定螺钉拧至垫片，拧到可使轴承有轻微左右移动的程度。

更换轴套和推力板时，不要忘了装键。注意推力板的方向性，即光滑面朝向石墨轴承。

在安装前后轴承时，一定要注意将定位销放入固定法兰的孔内，并把角型密封圈放好。

叶轮安装前应先把过滤网装好，在叶轮与诱导轮间要放入内舌垫片，叶轮由诱导轮紧固后，将内舌垫片折边，防止诱导轮松动。

安装辅助叶轮时，注意叶轮方向，叶片应向后安装。在锁紧螺母前，插入内舌垫片，用左旋的锁紧螺母紧固，并使垫片折边。

诱导轮安装结束后，在装入泵壳前要转动叶轮，确保转动灵活。若不能灵活转动，应检查前、后轴承座的安装是否正确，轴是否有所弯曲，重新拆卸与安装，直至灵活。

泵壳与定子间的连接螺母不要单边紧固，必须对称均匀地慢慢紧固，使受力均匀。

组装完毕，还要进行以下完善工作。

对屏蔽泵进行检漏，向机组充入氮气，确保泵的所有连接处无泄漏。

确定无泄漏，起动真空泵，将机组内抽至高真空。

将溴化锂溶液和冷剂水按规定值注入机组。

重新对泵接线，按拆卸时的记号接线，然后对机组恢复供电，并重新起动机组，观察机组各部参数值，达到合格为止。

记录检修日期和结果。

2. 氨泵的操作

（1）离心式氨泵使用前的准备

1）确定氨泵各润滑处润滑油脂是否充填适量。

2）确定所有紧固件是否已经全部拧紧牢靠。

3）氨泵冷却水系统供水应正常。

4）电动机试运转方向正确。

5）确定氨泵相关阀门开关状态是否正确。

6）盘泵，不得有摩擦和碰刮等其他异常现象。

7）确定所有构件都安装正确，所有转动部分安全防护罩齐全完整。

（2）氨泵运行操作　齿轮式氨泵、屏蔽氨泵的开泵和停泵操作与离心式氨泵基本相同。由于这两种氨泵都采用氨液冷却，不需加注润滑油，所以在运转过程中应经常注意检查供液情况，当发现空转时，应立即停机，以免烧坏轴承。

氨泵在运行中，由于气体腐蚀直接影响着设备的完好程度，因此在开泵前应检查联轴器转动是否正常，电动机轴承和氨泵密封器是否有足够的润滑油，然后按以下程序进行操作。

1）开启氨泵抽气阀、进液阀和出液阀。

2）接通电源，起动氨泵。

3）观察电流表和压力表的指示值，若输液压力在 0.147~0.245MPa 之内，电流在规定范围之内，且上液正常，则可关闭抽气阀，使氨泵正常运转。

4）如果电流和压力下降，指针摆动不稳定，无负荷噪声，说明氨泵在空转，应停机检查是否供液不良，或泵内进入空气。如果能上液，但氨泵密封器温度过高且漏氨过多，应停泵查明原因。

5）正常停泵时，应关闭循环储液桶的供液节流阀（或浮球阀）和氨泵的进液阀，切断电源，再关闭出液阀。

3. 氨泵的维护要求

在长期使用氨泵后，氨泵不免会发生一些故障，如果定期对氨泵进行维护，就会减少很多的故障发生率。氨泵定期维护的要求如下：

1）每两个月对电动机及减速箱输入端联轴器拆检一次，视情况更换弹簧、罩壳、密封垫圈及润滑脂。

2）每月检查一次氨泵泵体振动情况，泵体振幅应在 0.10~0.20mm 内。

3）定期（每月）检验氨泵安全阀、压力表。

4）每两个月对润滑油做一次分析，检查油的黏度、水分、杂质等的变化情况，每六个月更换一次润滑油。

4. 氨泵常见故障的处理

1. 氨泵振动较大

（1）故障原因　联轴器对中不好；联轴器连接件磨损大；联轴器连接损坏；泵内有气体；进口阀内零件损坏或有异物。

（2）处理方法　重新找正；紧固螺栓；更换连接件；排出气体；更换进口阀，排除异物。

2. 氨泵流量不足

（1）故障原因　单向阀内漏及阀片动作不灵；泵内有气体；入口开度太小。

（2）处理方法　更换单向阀或检查阀片；排除气体；开大入口阀；调速。

4.3　活塞式制冷压缩机典型故障分析处理案例

4.3.1　安全阀起跳的故障分析与排除

在制冷系统中，为防止制冷系统高压压力超过限定值而造成管道爆裂，需要在制冷系统管道上设置安全阀。这样，当系统中的高压压力超过限定值时，安全阀自动起动，将制冷剂泄放至低压系统或排至大气中。

安全阀的进口端与高压系统连接，出口端与低压系统连接。当系统中高压压力超过限定值时，高压气体自动顶开阀芯从出口排入低压系统。通常安全阀的开启压力限定值，R22 制冷系统为 2.0~2.1MPa。当制冷系统压力降低到 1.3MPa 时，可自动复位。安全阀在制冷空调系统中作为安全装置之一，当系统中压力超过规定的数值时，安全阀自动开启并排出系统中的制冷剂，使系统中压力下降，起到保护制冷压缩机、系统设备以及人身安全的作用。安全阀常见的结构为弹射式，当阀的进口压力与出口压力差超过设定值时，阀盘被顶开，使工质从容器中迅速排出。安全阀起跳的主要原因如下：

1）压缩机排气压力高于安全阀的起跳值。

2）由于安全阀压力弹簧的质量问题，排气压力还没有到达起跳值，安全阀就起跳了。

制冷系统除安装安全阀外，还要安装压力控制器。按照规范的要求，压力控制器的动作压力应低于安全阀的起跳压力，即当发生压力过高故障时，应是压力控制器先动作，切断压缩机的电源，一旦压缩机停止运行，系统的压力就不会继续升高。所以，安全阀起跳一般反映压力控制器发生故障。在安全阀起跳处理完毕以后，应对压力控制器进行检查。安全阀是控制设备压力的最后一道技术保障。当安全阀起跳时，绝不允许采用关闭安全阀下方截止阀的方法来制止安全阀泄压，应进行紧急停机处理，其处理程序如下：

① 立即切断压缩机电源，关闭压缩机的吸气阀和排气阀。

② 继续运行冷却水系统，使系统内压力迅速降低，再关闭冷却水系统。

③ 安全阀自动关闭后，进行相应的检查和处理。

安全阀起跳后的调整方法如下：

在规则的工作压力范围内，可通过旋转调整螺杆，改动弹簧预紧紧缩量来对敞开压力进行调整。具体做法是：拆去阀门罩帽，将锁紧螺母拧松；旋转调整螺杆，使进口压力升高，令阀门起跳一次，若敞开压力偏低，则按顺时针方向旋紧调整螺杆，若敞开压力偏高，则按逆时针方向旋松调整螺杆；当调整到所需要的敞开压力后，将锁紧螺母拧紧，装上罩帽。若所要求的敞开压力超出了弹簧工作压力范围，则需要更换一根工作压力合适的弹簧，然后再进行调整。

4.3.2 活塞式制冷压缩机气缸内异常声响的故障分析与排除

活塞式制冷压缩机气缸中有异常声响的原因有三个：一是气缸中余隙过小，使活塞与气阀阀板相碰，产生噪声；二是压缩机吸气阀紧定螺钉松动，产生噪声；三是活塞连杆上的螺母松动，当活塞工作时，连杆大头会发出晃动的响声。

排除方法：一是拆开压缩机气缸，重新调整压缩机的余隙；二是拆下压缩机的气缸盖，重新拧紧排气阀的紧定螺钉；三是拆开压缩机的曲轴箱侧盖，将连杆大头上的螺母拧紧。

4.3.3 活塞式制冷压缩机长时间停机的维护

活塞式制冷压缩机因各种原因需要长时间停机。为保证机组安全，在季节性长时间停机时，可按以下方法进行停机与维护操作。

1）在机组正常运行时，关闭机组电源。

2）将停止运行后的冷凝器、蒸发器中的水放净，以防冬季时冻坏其内部的传热管。

3）关闭机组中的有关阀门并检查是否存在泄漏现象。

4）为防止发生渗漏，应预先将制冷剂收入制冷系统的储液器内。若没有储液器，应将制冷剂收入冷凝器内。因为开启式压缩机的轴封一般总有极其细微的渗漏，当机组长期不使用时，低压系统内的压力也会升高，致使渗漏程度加剧。

5）对于通过V带传动的压缩机，若使其较长时间停机，应将V带卸下，以免压缩机曲轴长期单向受力，引起轴封渗漏。

6）制冷机组长时间停机时应将各阀的阀盖旋紧，并将机器擦干净。另外，从安全角度考虑，应将电器开关的熔丝盒取出另行保存。

4.3.4 制冷系统中残存空气的故障分析与排除

（1）制冷系统中残存空气的主要危害

1）导致制冷系统中的冷凝压力升高。依据道尔顿定律，一个容器内，气体总压力等于各气体分压力之和。所以，当空气进入制冷系统中时，其总压力为制冷剂和空气的压力之和。

2）由于空气在冷凝器中存在，冷凝器的传热面上形成气体层，增加了热阻作用，降低了冷凝器的传热效率。同时，由于空气会将水分带进制冷系统，从而对制冷系统产生腐蚀作用。

3）冷凝器中存在空气，导致制冷系统中的冷凝压力升高，使压缩机的制冷量下降，能耗增加。

4）制冷系统中的冷凝压力升高，会使机组的排气温度升高，易使机组发生意外事故。

（2）制冷系统中残存空气的检查方法

1）观察机组压力表的摆动情况。制冷系统中存在空气时，其压力表指针会大幅度摆动，且摆动的频率比较慢。

2）机组运行时的压力和温度值都高于正常值范围。

3）利用计算冷凝压力的方法，检测系统中空气的含量。根据制冷系统中有空气会使冷凝压力升高的特点，设含有空气的冷凝器总压力为 p，冷凝压力为 p_k，则空气在冷凝器中的含量 g 为

$$g = \frac{p - p_k}{p}$$

式中　g——冷凝器中空气含量（%）；

　　　p——冷凝器总压力（MPa）；

　　　p_k——冷凝压力（MPa）。

（3）制冷系统中残存空气的排除方法　关闭制冷系统冷凝器或储液器上的阀门，然后起动压缩机运行一段时间，观察压缩机的低压压力表的示数，当表压达到"0"时，停止压缩机的运行，打开冷凝器顶部的放气阀（若冷凝器的位置比压缩机低，则选择开启压缩机排气三通截止阀的多用通道），让气体流出几秒钟再关闭。几分钟后重复这一操作。因为空气的密度比制冷剂轻，静置后聚集在容器顶部，分次操作可减轻扰动，减少制冷剂的流失。每次放气后注意观察排出压力表，该压力应有所下降，若下降后又渐渐回升到放气前的数值，则表明放掉的已含有制冷剂，应结束放气。也可以在放气时，用手触摸气流，若是冷风就继续放，如有凉气感觉，说明有制冷剂跑出，应堵上堵头。这里需要指出，氟利昂冷凝器放空气时，氟气跑出的往往是过热气体，不一定会有凉的感觉。因此，氟利昂系统放空气时，应首先对系统是否有空气做出明确的判断，确有空气时才进行放空气操作，否则就会浪费氟利昂制冷剂。

4.3.5　判断活塞式制冷压缩机工作是否正常的指标

判断活塞式制冷压缩机工作状态是否正常，主要看能否达到下述指标，若基本达到下述指标要求，即可认定其工作状态正常。

1）活塞式制冷压缩机在运行时油压应比吸气压力高 0.1~0.3MPa。

2）曲轴箱上若有一个视油孔，油位不得低于视油孔的 1/2；若有两个视油孔，油位不超过上视孔的 1/2，不低于下视孔的 1/2。

3）曲轴箱中的油温一般应保持在 40~60℃，最高不得超过 70℃。

4）压缩机轴封处的温度不得超过 70℃。

5）压缩机的排气温度，视使用的制冷剂的不同而不同，采用 R12 制冷剂时不超过 130℃，采用 R22 制冷剂时不超过 145℃。

6）压缩机的吸气温度比蒸发温度高 5~15℃。

7）压缩机的运转声音清晰均匀，且有节奏，无撞击声。

8）压缩机电动机的运行电流稳定，机温正常。

9）装有自动回油装置的油分离器能自动回油。

一般活塞式制冷压缩机在运行中的检测部位及其正常状态，见表 4-2。

表 4-2　一般活塞式制冷压缩机在运行中的检测部位及其正常状态

名　　称	检测部位	检测内容	正常状态
制冷压缩机	吸气管	吸气压力	吸气压力=蒸发温度对应的饱和压力−吸气管压力降
		吸气温度	吸气温度=蒸发温度+过热度（过热度一般取 5~15℃）
	排气管	排气压力	排气压力=冷凝温度对应的饱和压力+排气管压力降
		排气温度	与使用的制冷剂种类有关，一般不应超过 145℃
	油泵	油压	油压≈吸气压力+（0.1~0.3）MPa
		油温	不得超过 70℃
	视油孔	油位	保持在视油孔的中心线左右
		清洁度	透明，不浑浊
	气缸盖	温度	与使用的制冷剂种类有关，一般不应超过 120℃
		声音	清晰、有节奏的跳动声，无撞击声
	轴承	轴承温度	在外部用手摸时感觉稍热，应低于 55℃
轴封	轴	漏油	不得出现滴油现象
电动机	电源	电压	在额定电压±10%之内
		电流	低于额定电流

4.3.6　活塞式制冷压缩机运行中突发事故的处理

在制冷设备运行中，遇到因制冷系统发生故障而采取的停机，称为故障停机；遇到因制冷系统突然发生冷却水中断或冷媒水中断，突然停电及发生火警而采取的停机，称为紧急停机。在操作运行规程中，应明确规定发生故障停机、紧急停机的程序及停机后的善后处理程序。

制冷设备在运行过程中，如遇下述突发情况，应做紧急停机处理。

1. 突然停电的停机处理

制冷设备在正常运行中，突然停电时，首先应立即关闭系统中的供液阀，停止向蒸发器供液，避免在恢复供电而重新起动压缩机时，造成液击故障。然后关闭压缩机的吸、排气阀。

恢复供电以后，可先保持供液阀为关闭状态，按正常程序起动压缩机，待蒸发压力下降到一定值时（略低于正常运行工况下的蒸发压力），可再打开供液阀，使系统恢复正常运行。

2. 突然冷却水中断的停机处理

制冷设备在正常运行中，因某种原因，突然造成冷却水供应中断时，首先应切断压缩机电动机的电源，停止压缩机的运行，以避免高温高压状态的制冷剂蒸气得不到冷却，而使系统管道或阀门出现爆裂事故。然后关闭供液阀、压缩机的吸排气阀，最后再按正常停机程序关闭各种设备。

在冷却水恢复供应以后，系统重新起动时，可按停电后恢复运行时的方法处理。但如果由于停水而使冷凝器上的安全阀动作，就还需要对安全阀进行试压一次。

3. 突然冷媒水中断的停机处理

制冷设备在正常运行中，因某种原因，突然造成冷媒水供应中断时，首先应关闭供液阀（储液器或冷凝器的出口控制阀）或节流阀，停止向蒸发器供液态制冷剂。关闭压缩机的吸气阀，使蒸发器内的液态制冷剂不再蒸发或蒸发压力高于0℃时制冷剂相对应的饱和压力。继续开动制冷压缩机使曲轴箱内的压力接近或略高于0MPa时，停止制冷压缩机运行，然后其他操作再按正常停机程序处理。

当冷媒水系统恢复正常工作以后，可按突然停电后又恢复供电时的起动方法处理。

4. 火警时的紧急停机

在制冷空调系统正常运行的情况下，空调机房或相邻建筑发生火灾危及系统安全时，首先应切断电源，按突然停电的紧急处理措施使系统停止运行，同时向有关部门报警，并协助灭火工作。

当火警解除之后，可按突然停电后又恢复供电时的起动方法处理，恢复系统正常运行。

制冷设备在运行过程中，如遇下述情况，应做故障停机处理。

① 油压过低或油压升不上去。

② 油温超过允许温度值。

③ 压缩机气缸中有敲击声。

④ 压缩机轴封处制冷剂泄漏现象严重。

⑤ 压缩机运行中出现较严重的液击现象。

⑥ 压缩机排气压力和排气温度过高。

⑦ 压缩机的能量调节机构动作失灵。

⑧ 冷冻润滑油太脏或出现变质情况。

制冷装置在发生上述故障时，采取何种方式停机，应视具体情况而定，可采用紧急停机处理，或按正常停机方法处理。

4.3.7 活塞式制冷压缩机运行时出现吸气温度过高的故障分析与排除

造成活塞式制冷压缩机运行中出现吸气温度过高的主要原因是：活塞式制冷压缩机的吸气过热度大；吸气管过长或保温效果差。

活塞式制冷压缩机的吸气温度过高的故障排除方法是：适当调大膨胀阀的开启度，增加向蒸发器的供液量，以满足制冷负荷的需求，即可降低吸气温度；做好压缩机吸气管道的保温处理，防止产生大量的有害过热，也可以降低吸气温度；调整一下吸气管道，尽量缩短其长度，以减少有害过热的产生条件。做到这些即可消除吸气温度过高的故障。

4.3.8 活塞式制冷压缩机运行时出现排气温度过高的故障分析与排除

造成活塞式制冷压缩机运行中出现排气温度过高的原因如下：

对于水冷式冷凝器，其原因有：冷却水量不足或水温过高；制冷系统中混有不凝性气体

（空气）过多；冷凝器中水垢过多。

对于风冷式冷凝器，其原因有：翅片间隙中灰尘过多；翅片表面污垢过多；翅片倒伏严重，阻碍空气对流。

压缩机运行中出现排气温度过高的故障排除方法如下：

对于水冷式冷凝器，可以增加水泵运转台数，以增大冷却水流量或加大冷却塔风扇转速，以降低冷却水温度；放出制冷系统中混入的不凝性气体；清除冷凝器管道壁上的水垢。

对于风冷式冷凝器，用吸尘器吸收翅片间隙中的灰尘；用翅片清洗剂清洗翅片上的污垢；用翅片梳修复倒伏的翅片。

4.3.9　制冷系统运行一段时间就跳闸的故障分析与排除

制冷系统运行一段时间就跳闸的原因大致有三个：一是制冷系统存在问题，制冷管路出现堵塞，造成高压压力过高，压缩机电动机因过载保护而跳闸；二是制冷压缩机电动机内部断相或电源断相都会造成电动机断相保护起动开关跳闸；三是保护装置出现问题，如过电流保护电流值的设定及电动机起动相对延时时间的设定不在正常值，交流接触器触点某相接触不良或开路，再有制冷系统不能在短时间内连续起动，因为制冷系统高低压侧的压力在没有达到相对平衡时，起动冷库制冷造成电动机过载或过电流保护装置动作。

制冷系统运行一段时间就跳闸问题的排除方法：一是检测制冷系统高压管道是否有压瘪之处，干燥过滤器是否堵塞，若发现这些问题要及时予以处理；二是用万用表测量压缩机电动机绕组是否有内部断相，若有则更换电动机，用电压表测量电源是否断相，要确认电源无问题；三是检测压缩机电动机保护装置是否正常，要确认保护装置无问题，若发现有问题部件，应予以更换。做到这三点即可消除跳闸现象。

4.3.10　活塞式制冷压缩机运行中出现湿冲程的故障分析与排除

造成活塞式制冷压缩机运行中出现湿冲程的原因大致有以下几个。

1）膨胀阀失灵，开启度过大。

2）电磁阀失灵，停机后大量制冷剂进入蒸发排管，再次开机时制冷剂进入压缩机。

3）系统灌注制冷剂量过多。

4）膨胀阀的感温包松动未绑扎，致使膨胀阀开启度增大。

遇到活塞式制冷压缩机出现湿冲程故障时的排除方法如下：

1）关闭供液阀，检修膨胀阀。

2）检修电磁阀。

3）放出多余的制冷剂。

4）检查感温包的绑扎情况，未绑扎的加以绑扎。

4.3.11　活塞式制冷压缩机运行中润滑油油温过高的故障分析与排除

活塞式制冷压缩机运行中润滑油油温过高的原因一般有四个：一是曲轴箱油冷却器缺水；二是主轴承装配间隙太小；三是轴封摩擦环装配过紧或摩擦环拉毛；四是润滑油不清洁，造成摩擦热过大。

这些故障的排除方法：检查曲轴箱油冷却器水阀及供水管路，确认其畅通；调整主轴承装配间隙，使之符合技术要求；检查修理轴封；清洗油过滤器及更换新润滑油。

4.3.12 活塞式制冷压缩机运行时曲轴箱中润滑油泡沫及耗油量过多的故障分析与排除

活塞式制冷压缩机运行时曲轴箱中润滑油起过多泡沫的原因一般有两个：一是油中混有大量氟利昂液，压力降低时由于氟利昂液体蒸发引起泡沫；二是曲轴箱中润滑油太多，连杆大头搅动润滑油引起泡沫。

这两个故障的排除方法：关闭压缩机低压截止阀，用压缩机自身抽真空，将曲轴箱中氟利昂液体抽空，然后换上新润滑油；从曲轴箱放油孔中放出一些润滑油，将压缩机箱中的油位降到规定的位置。

活塞式制冷压缩机运行中耗油量过多的原因一般有四个：一是刮油环严重磨损，装配间隙过大；二是维修过程中将刮油环装反了，环的开口在一条线上；三是活塞与气缸间隙过大；四是油分离器自动回油阀失灵。

这些故障的排除方法：更换刮油环，重新调整间隙；更换活塞环，必要时更换气缸缸套；检修自动回油阀，使润滑油能及时返回曲轴箱。

4.3.13 制冷系统辅助设备常见的故障分析与排除

在制冷系统中，除压缩机以外还需要其他辅助设备，有蒸发器、冷凝器、气液分离器、油分离器、集油器、空气分离器、储液器、低压循环桶、低压排液桶、中间冷却器和紧急泄氨器等。这些设备都属于压力容器，结构比较简单。如储液器、低压循环桶、低压排液桶等就是空心的容器，只要材质没有问题，制造工艺符合规范要求，在正常使用中几乎不会发生故障，发生故障的多是它们的附件，如液位计破裂、阀门漏气等。

1. 液位计破裂的紧急停机程序

液位计破裂就会有工质泄漏，由于液位计上的两个阀是弹子阀，所以当液位计的玻璃板或玻璃管破裂时，两个弹子阀会自动关闭，泄漏的只是液位计中少量工质。尽管如此，由于液位计已不能反映容器中的液位，应立即紧急停机处理。其停机程序如下：

1）关闭蒸发器的供液阀。

2）切断压缩机电源，关闭压缩机吸气阀和排气阀。

3）停止冷水系统和冷却水系统的运行。

4）更换液位计的玻璃板或玻璃管。

5）将故障情况、发生时间、处理结果填写在交接班记录和运行记录上。

2. 阀门漏气的紧急停机程序

阀门漏气量较小时可进行现场处理，如紧固阀门的法兰及螺栓。若紧固处理后故障仍不能排除，或阀门的漏气量较大，应进行紧急停机处理，其程序如下：

1）关闭蒸发器的供液阀。

2）切断压缩机电源，关闭压缩机的吸气阀和排气阀。

3）关闭冷水系统和冷却水系统。

4）进行相应修理。

复习思考题

1. 简述活塞式制冷压缩机活塞环的更换操作方法。

2. 简述活塞式制冷压缩机装配间隙的测量方法。

3. 简述活塞式制冷压缩机连杆的检修方法。

4. 简述使用化学方法清洗冷凝器的操作方法。

5. 简述冷却水泵的维护操作方法。

6. 简述制冷剂泵的维护操作方法。

7. 活塞式制冷压缩机发生湿冲程后应怎样处理?

8. 氨泵有哪些使用要求及注意事项?

理论知识试题库

一、单项选择题

1. 热力学是研究（　　）与机械能之间相互转换规律的学科。
   A. 热能　　　　　B. 电能　　　　　C. 动能　　　　　D. 风能

2. 我国在制冷设备指标中，采用（　　）。
   A. 法定温标　　　B. 华氏温标　　　C. 摄氏温标　　　D. 绝对温标

3. 熵是表征工质在状态变化时与外界进行（　　）交换的程度。
   A. 热　　　　　　B. 功　　　　　　C. 质　　　　　　D. 量

4. 物质在吸放热过程中只发生温度变化、不发生状态变化时所吸收或放出的热量称为（　　）。
   A. 显热　　　　　B. 潜热　　　　　C. 比热容　　　　D. 热容

5. 液体和气体都具有流动性，统称为（　　）。
   A. 气体　　　　　B. 液体　　　　　C. 流体　　　　　D. 混合体

6. 研究流体平衡和（　　）以及这些规律在工程技术中应用的学科，称为流体力学。
   A. 运动规律　　　B. 流动方式　　　C. 流动特点　　　D. 流动状态

7. 液体没有（　　），但有固定体积。
   A. 固体形状　　　B. 固定颜色　　　C. 固定气味　　　D. 固定温度

8. （　　）的特征是没有固体形状，但有固定体积。
   A. 水蒸气　　　　B. R22 蒸气　　　C. 液体　　　　　D. 固体

9. 气体不能形成（　　），易于压缩。
   A. 固液界面　　　B. 固定液面　　　C. 自由界面　　　D. 自由液面

10. 流体膨胀性的大小用（　　）来度量。
    A. 体积质量膨胀率　　　　　　　　B. 体积温度变化率
    C. 体积质量系数　　　　　　　　　D. 体积膨胀系数

11. 流体本身阻滞其质点相对滑动的性质，称为流体的（　　）。
    A. 阻力　　　　　B. 黏性　　　　　C. 润滑性　　　　D. 滑动性

12. 为克服局部阻力而消耗的单位质量流体的（　　）称为局部阻力损失。
    A. 动能　　　　　B. 势能　　　　　C. 流体能　　　　D. 机械能

13. 逆流是指冷流体与热流体（　　）流动。
    A. 同方向　　　　B. 反方向　　　　C. 交叉方向　　　D. 垂直方向

14. 工质在流动过程中，必然会有（　　）和位能的变化。
    A. 动能　　　　　B. 势能　　　　　C. 热能　　　　　D. 能量

15. 流体在流动过程中，工质的动能、位能的变化很小，称为（   ）。

A. 恒定不变能量   B. 微量变化能量   C. 稳定流动能量   D. 稳定变化能量

16. 热传导一般在（   ）进行。

A. 金属材料中   B. 等温条件下   C. 温差条件下   D. 对流液体中

17. 对流是热量在（   ）进行的一种热传递现象。

A. 固体中   B. 液体中   C. 气体中   D. 流体中

18. 物质由固态直接变为气态的现象是（   ）。

A. 溶解   B. 升华   C. 凝华   D. 凝固

19. 依靠（   ）的流动而进行热传递的方式称为热对流。

A. 工质   B. 液体   C. 气体   D. 流体

20. 传热过程中，在（   ）作用下，单位时间内、单位面积上热量传递的数值，称为传热系数。

A. 1℃温差   B. 1℃温度   C. 1kJ 热量   D. 1kcal 热量

21. 平壁传热是指流体的热量穿过（   ）传递到另一侧流体中去的传热过程。

A. 固体平壁   B. 流体表面   C. 流体内部   D. 固体内部

22. 选用制冷剂时，单位（   ）越大越好。

A. 制冷量   B. 放热量   C. 功耗   D. 热负荷

23. 制冷剂的（   ）越高，在常温下越能够液化。

A. 排气温度   B. 吸气温度   C. 饱和温度   D. 临界温度

24. 单位质量制冷量与（   ）之比称为制冷系数。

A. 单位功耗   B. 单位电耗   C. 单位能耗   D. 单位热耗

25. 制冷剂在冷凝器中的状态变化过程，是在（   ）条件下进行的。

A. 等压   B. 等温   C. 升压   D. 降压

26. 过冷是指将（   ）制冷剂冷却到低于相应压力下饱和温度的过程。

A. 过热   B. 饱和   C. 气体   D. 液体

27. 制冷循环中的工作介质，称为（   ）。

A. 氟利昂   B. 载冷剂   C. 制冷剂   D. 溴化锂

28. 无机化合物制冷剂有氨、二氧化碳、水和（   ）等。

A. 氮气   B. 氧气   C. 氦气   D. 氢气

29. R134a 适用的密封橡胶材料有高丁腈橡胶、尼龙橡胶和（   ）。

A. 氯腈橡胶   B. 丁腈橡胶   C. 氯丁腈橡胶   D. 氯丁橡胶

30. 载冷剂又称为（   ），是间接制冷系统中传递热量的液体介质。

A. 冷源   B. 冷剂   C. 中介   D. 冷媒

31. 制冷的方法很多，大体上可分为直接冷却方式和（   ）。

A. 间接冷却方式   B. 水冷却方式   C. 蒸气冷却方式   D. 电冷却方式

32. 标准工况是考核（   ）的各项指标。

A. 制冷压缩机   B. 节流机构   C. 蒸发器   D. 冷凝器

33. 用法兰连接且内腔相通不需轴封的压缩机是（   ）制冷压缩机。

A. 开启式　　　　B. 半封闭式　　　　C. 离心式　　　　D. 全封闭式

34. 活塞式制冷压缩机的型号中，（　　）表示氟利昂制冷剂。

A. A　　　　B. F　　　　C. C　　　　D. E

35. 输气系数的大小与（　　）无关。

A. 制冷剂　　　　B. 蒸发压力　　　　C. 载冷剂　　　　D. 压缩比

36. 活塞式制冷压缩机能量调节的方法之一是（　　）。

A. 顶开吸气阀片　　B. 顶开排气阀片　　C. 关闭吸气阀　　D. 关闭排气阀

37. 压缩机气缸盖垫片中筋被击穿，则（　　）。

A. 高低压差很小　　B. 高低压差很大　　C. 高压压力过高　　D. 低压压力过低

38. 冷凝器释放出的热量等于蒸发器吸收的热量与制冷压缩机所消耗（　　）的热工当量之和。

A. 摩擦功　　　　B. 压缩功　　　　C. 指示功率　　　　D. 理论功率

39. 理想制冷循环的吸热、放热过程是在（　　）条件下进行的。

A. 等焓　　　　B. 等熵　　　　C. 等压　　　　D. 等温

40. 制冷剂在蒸发器中吸收的热量（　　）制冷剂在冷凝器中放出的热量。

A. 小于　　　　B. 大于　　　　C. 等于　　　　D. 约为

41. 制冷剂在一定压力下冷却时的温度称为（　　）。

A. 蒸发温度　　　　B. 汽化温度　　　　C. 冷凝温度　　　　D. 凝华温度

42. 某种制冷剂在冷却时，冷凝温度与冷凝压力是（　　）。

A. 对应关系　　　　B. 反比关系　　　　C. 连带关系　　　　D. 正比关系

43. 制冷剂在饱和状态下冷却时的压力称为（　　）。

A. 冷却压力　　　　B. 冷凝压力　　　　C. 液化压力　　　　D. 汽化压力

44. 大型制冷设备经常使用的冷凝器是（　　）。

A. 蒸发式冷凝器　　　　　　　　B. 卧式壳管式冷凝器
C. 翅片式冷凝器　　　　　　　　D. 套管式冷凝器

45. 空气冷却式冷凝器，冷却空气的进出口温差为（　　）。

A. 10~15℃　　B. 4~6℃　　C. 8~10℃　　D. 2~3℃

46. 强迫风冷式冷凝器的迎面风速为（　　）。

A. 1~2m/s　　B. 2.5~3.5m/s　　C. 4~6m/s　　D. 0.5~0.7m/s

47. 卧式壳管式冷凝器的盘管内流动的是（　　）。

A. 制冷剂　　　　B. 盐水　　　　C. 冷却水　　　　D. 冷冻水

48. 卧式壳管式冷凝器出口水温度应比进水温度高（　　）。

A. 1~2℃　　B. 2~3℃　　C. 4~6℃　　D. 7~10℃

49. 冷却水进出水温差一般控制在（　　）。

A. 1~2℃　　B. 2~3℃　　C. 4~6℃　　D. 8~10℃

50. 一般冷凝器内最佳的冷却水流速度为（　　）。

A. 0.4~0.5m/s　　B. 1.5~3m/s　　C. 0.8~1.2m/s　　D. 0.5~0.7m/s

51. 冷凝器的耗水量与（　　）成正比。

A. 冷凝热负荷   B. 冷却水的比热容

C. 传热温差   D. 冷却水平均密度

52. 冷凝温度的大小取决于（   ）。

A. 冷凝压力   B. 冷却水温度   C. 冷媒水温度   D. 环境温度

53. 水冷式冷凝器的冷凝压力过高的原因是（   ）。

A. 冷却水流量过大   B. 冷却进水的温度过低

C. 冷却水流量过小   D. 制冷剂充入不足

54. 冷凝器传热壁面（   ）会降低换热系数。

A. 粗糙不平   B. 光滑平整   C. 清洁平整   D. 较为平整

55. （   ）冷凝器的换热系数较大。

A. 立式光管式   B. 卧式光管式   C. 套管式   D. 沉浸式

56. 水冷式冷凝器中的水是（   ）。

A. 制冷剂   B. 冷却水   C. 载冷剂   D. 吸收剂

57. 水冷式冷凝器中的水是（   ）。

A. 制冷剂   B. 吸收剂   C. 载热剂   D. 扩散剂

58. 水冷式冷凝器的特点是传热效率高、结构紧凑，适用于（   ）制冷装置。

A. 小型   B. 中、小型   C. 微型   D. 大、中型

59. 为保证水冷式冷凝器正常运行，在冷却水进出口处常安装（   ）保护装置。

A. 靶式流量开关   B. 电接点温度计   C. 电接点压力表   D. 压力继电器

60. 水冷式冷凝器的结垢问题，必须采用（   ）方法清除。

A. 沸腾水冲刷   B. 喷灯加热   C. 盐酸溶解   D. 高压氮气冲刷

61. 适用于缺水地区的冷凝器类型是（   ）冷凝器。

A. 蒸发式   B. 水冷式   C. 自然空冷式   D. 强迫空冷式

62. 蒸发式冷凝器是利用（   ）实现制冷剂冷凝液化的。

A. 喷淋循环水蒸发   B. 流动的空气冷却   C. 封闭式冷却水塔   D. 蒸发式风机

63. 蒸发式冷凝器的冷凝温度一般为（   ）。

A. 35~37℃   B. 20~25℃   C. 0~15℃   D. 43~52℃

64. 蒸发式冷凝器的优点之一是（   ）。

A. 节约电能   B. 减小设备体积   C. 提高制冷量   D. 节约大量水

65. 蒸发式冷凝器冷却水喷嘴前水压等于（   ）MPa（表压）。

A. 0.05~0.1   B. 0.3~0.35   C. 0.2~0.25   D. 0.4~0.45

66. 在一定压力下，制冷剂（   ）称为蒸发温度。

A. 沸腾时的温度   B. 冷却时的温度   C. 冷凝时的温度   D. 液化时的温度

67. 制冷系统工作时与蒸发温度对应的压力称为（   ）。

A. 冷凝压力   B. 蒸发压力   C. 汽化压力   D. 冷却压力

68. 某种制冷剂蒸发时，其蒸发温度与蒸发压力是（   ）。

A. 正比关系   B. 反比关系   C. 从属关系   D. 对应关系

69. 蒸发器内绝大部分是（   ）。

A. 过冷区　　　　B. 湿蒸气区　　　　C. 过热区　　　　D. 饱和液体区

70. 壳管干式蒸发器适用于（　　）制冷剂。

A. R502　　　　B. R717　　　　C. R22　　　　D. R13

71. 干式壳管式蒸发器中，制冷剂的充装量为管内总容积的（　　）。

A. 20% 左右　　　B. 25%~35%　　　C. 35%~40%　　　D. 30%~40%

72. 卧式壳管式蒸发器，采用氟利昂制冷剂时，要考虑（　　）问题。

A. 高压过高　　　B. 回气困难　　　C. 回油困难　　　D. 低压过高

73. 干式壳管式蒸发器与卧式壳管式蒸发器相似，所不同的是载冷剂在管外的隔板之间（　　）。

A. 曲折流动　　　B. 穿行流动　　　C. 直线流动　　　D. 顺流流动

74. 壳管式蒸发器，若载冷剂泵突然停止，且载冷剂为水，则在蒸发器内有（　　）的危险。

A. 压力升高　　　B. 温度升高　　　C. 水冻结　　　D. 液击

75. 冷饮水箱所采用的是（　　）蒸发器。

A. 风冷式　　　　B. 套管式　　　　C. 壳管式　　　　D. 沉浸式

76. 连接蒸发器和制冷压缩机之间的管道称为（　　）。

A. 高压排气管　　B. 低压输液管　　C. 低压吸气管　　D. 高压输液管

77. 连接冷凝器和节流阀之间的管道称为（　　）。

A. 高压输液管　　B. 低压吸气管　　C. 低压输液管　　D. 高压排气管

78. 油气分离器安装在（　　）管道上。

A. 低压吸气　　　B. 高压排气　　　C. 高压输液　　　D. 低压输液

79. 吸气截止阀安装在（　　）的进口。

A. 蒸发器　　　　B. 节流阀　　　　C. 压缩机　　　　D. 储液器

80. 高压供液截止阀安装在（　　）。

A. 蒸发器的进口　　B. 冷凝器的进口　　C. 节流阀的出口　　D. 储液器的出口

81. 并联式冷水机组，压缩机必须安装在同一基础上，用（　　）保证各台制冷压缩机的油位。

A. 油泵　　　　B. 油平衡管　　　　C. 油压继电器　　　D. 油冷却器

82. 大、中型活塞式冷水机组，冷水管进出口接头处，应采用（　　）。

A. 螺纹连接　　　B. 法兰连接　　　C. 焊接连接　　　D. 黏胶连接

83. 伴随热氨冲霜，蒸发器中的油和制冷剂被送入（　　）。

A. 集油器　　　　B. 冷凝器　　　　C. 排液桶　　　　D. 循环桶

84. 冷藏库中墙排管式蒸发器的除霜方法是（　　）。

A. 自然除霜　　　B. 电热除霜　　　C. 回热除霜　　　D. 钝器除霜

85. 墙排管式蒸发器的传热温差一般控制在（　　）。

A. 2~3℃　　　　B. 4~5℃　　　　C. 7~10℃　　　　D. 15~20℃

86. 在制冷系统中，当蒸发器管道较长且存在阻力损失时，应选用（　　）作为节流机构。

A. 毛细管　　　　　　　　　　B. 外平衡式膨胀阀

C. 内平衡式膨胀阀   D. 电子温控器

87. 膨胀阀的能量应（　　）制冷压缩机产冷量。

A. 大于 120%   B. 大于 180%   C. 小于   D. 等于

88. 热力膨胀阀的感温系统，应感应（　　）温度。

A. 蒸发器出口   B. 蒸发器进口
C. 制冷压缩机吸气口   D. 冷凝器出口

89. 制冷系统选用的膨胀阀容量过大，将造成膨胀阀供液（　　）。

A. 过多   B. 过少   C. 不变   D. 一会多、一会少

90. 膨胀阀的选配，主要考虑（　　）。

A. 蒸发器吸气能力   B. 冷凝器放热能力
C. 压缩机制冷能力   D. 管道的输液能力

二、多项选择题

1. 热力学温标也可以称为（　　）。
A. 开尔文温标   B. 摄氏温标   C. 华氏温标
D. 国际温标   E. 绝对温标

2. 在制冷工程技术中热量的常用单位有（　　）。
A. 焦耳   B. 千焦   C. 卡
D. 千卡   E. 英热单位

3. 欲使低温物体的热量转移到高温物体，必须消耗外界功，而这部分功又转变为（　　）。
A. 制冷剂的热量   B. 制冷剂的热能   C. 制冷剂的内能
D. 制冷剂的焓   E. 制冷剂的熵

4. 熵是表征工质在状态变化时与外界进行（　　）的程度。
A. 冷热交换   B. 能量交换   C. 状态交换
D. 比容交换   E. 体积交换

5. 制冷剂在饱和状态下可以是（　　）。
A. 纯液体状态   B. 纯气体状态   C. 气液共存状态
D. 过热气体状态   E. 过冷液体状态

6. 理想流体做稳定流动时，流体中某点的（　　）和该点高度之间的关系称为伯努利方程。
A. 压力   B. 压强   C. 流速
D. 流量   E. 质量

7. 平均温差包括（　　）。
A. 指数平均温差   B. 函数平均温差   C. 微分平均温差
D. 对数平均温差   E. 算术平均温差

8. 有关流体压缩性和膨胀性的度量包括（　　）。
A. 质量膨胀系数   B. 质量压缩系数   C. 体积膨胀系数
D. 体积压缩系数   E. 压缩模量

9. 沿程阻力是指流体在直管中流动时，由于流体的（　　）所受到的摩擦阻力。

A. 自身黏滞性　　　　　　B. 管道阻滞作用　　　　　C. 阀门阻滞作用

D. 弯管阻滞作用　　　　　E. 系统阻力作用

10. 稳定流动能量是指流体在流动过程中，工质的（　　）的变化很小。

A. 热能　　　　　　　　　B. 位能　　　　　　　　　C. 势能

D. 能量　　　　　　　　　E. 动能

11. 传热学是研究不同温度的物体间（　　）规律的学科。

A. 热能传递　　　　　　　B. 在金属中传递　　　　　C. 在温差下传递

D. 在压差下传递　　　　　E. 热能交换

12. 热传递的基本形式是（　　）。

A. 对流　　　　　　　　　B. 放热　　　　　　　　　C. 辐射

D. 吸热　　　　　　　　　E. 传导

13. 物质由液态经过（　　）过程可变为气态。

A. 升华　　　　　　　　　B. 汽化　　　　　　　　　C. 沸腾

D. 蒸发　　　　　　　　　E. 相变

14. 热对流换热是依靠（　　）进行的热传递现象。

A. 流体强制对流　　　　　B. 气体强制对流　　　　　C. 液体强制对流

D. 气体自然对流　　　　　E. 液体自然对流

15. 放热系数的大小与（　　）有关。

A. 流体的性质　　　　　　B. 流体的流态　　　　　　C. 流体的流速

D. 固体壁面结构　　　　　E. 固体壁面状态

16. 冷藏库的隔热材料，一般可选择（　　）。

A. 珍珠岩填充物　　　　　B. 稻壳填充物　　　　　　C. 聚乙烯板

D. 聚乙烯泡沫板　　　　　E. 硬质聚氨酯发泡板

17. 在稳定导热条件下，通过壁面的传热量与平壁材料的（　　）成正比。

A. 平壁厚度　　　　　　　B. 传热时间　　　　　　　C. 传热面积

D. 壁面间温差　　　　　　E. 导热系数

18. 流体力学是研究（　　）以及这些规律在工程技术中应用的学科。

A. 流体运动　　　　　　　B. 运动规律　　　　　　　C. 流体状态

D. 流体能量　　　　　　　E. 流体平衡

19. 热交换器进行传热计算时，对数平均温差比较准确地反映了（　　）间的温度差变化规律。

A. 制冷剂　　　　　　　　B. 冷流体　　　　　　　　C. 冷却水

D. 热流体　　　　　　　　E. 冷媒水

20. 单级蒸气压缩系统，可以使用（　　）等制冷剂。

A. R22　　　　　　　　　 B. R502　　　　　　　　　C. R134a

D. R717　　　　　　　　　E. R718

21. 制冷压缩机的工况包括（　　）。

A. 标准工况   B. 实际工况   C. 环境工况

D. 最大压差工况   E. 最大功率工况

22. 制冷剂与冷冻润滑油完全互溶的有（   ）等制冷剂。

A. R11   B. R12   C. R22

D. R21   E. R500

23. 制冷剂过冷的特征主要有（   ）。

A. 纯液体状态   B. 纯气体状态   C. $t_{过} < t_k$

D. $p = p_k$ E. $p \leqslant p_k$

24. 蒸气压缩式理论循环中的四部件是指（   ）。

A. 制冷压缩机   B. 冷凝器   C. 过滤装置

D. 蒸发器   E. 节流装置

25. 不饱和碳氢化物制冷剂主要有（   ）。

A. 三氯乙烯   B. 乙烷   C. 丙烷

D. 乙烯   E. 丙烯

26. 目前常用的载冷剂有（   ）等介质。

A. 水   B. 盐水   C. 酒精

D. 乙二醇   E. 丙二醇

27. 冷冻润滑油的主要作用有（   ）。

A. 润滑摩擦表面   B. 冷却摩擦表面   C. 清洁摩擦表面

D. 密封摩擦表面   E. 保养摩擦表面

28. 在双级压缩制冷系统中，可用的蒸发温度是（   ）。

A. 10℃   B. -30℃   C. -40℃

D. -55℃   E. -90℃

29. 双级压缩制冷系统可以采用（   ）作为制冷剂。

A. 氟利昂   B. 溴化锂   C. 丙酮

D. 氨   E. 水

30. 双级压缩制冷系统在运行中，（   ）会引起 $p_中$ 的变化。

A. 蒸发温度的改变   B. 冷凝压力的改变   C. 蒸发压力的改变

D. 容积比的改变   E. 冷凝温度的改变

31. 制冷设备的密封结构形式有（   ）。

A. 毛毡   B. 螺纹压紧   C. 弹性

D. 填料   E. 垫片

32. 冷媒水系统供冷的特点是（   ）。

A. 冷量不能远距离输送   B. 冷媒水温度不稳定

C. 冷量可以远距离输送   D. 冷媒水温度比较稳定

33. 复叠式制冷系统中包括（   ）。

A. 高压级   B. 高温级   C. 低压级

D. 低温级   E. 中间级

34. 复叠制冷系统由两个采用（　　）的系统组成。

A. 高温制冷剂　　　　　B. 中温制冷剂　　　　　C. 低温制冷剂

D. 低压制冷剂　　　　　E. 定压制冷剂

35. 采用 R22 为高温制冷剂、R13 为低温制冷剂的复叠式制冷系统，低温侧的工况参数是（　　）。

A. $t_0 = -30℃$　　　　B. $t_k = -25℃$　　　　C. $t_g = -70℃$

D. $t_x = -60℃$　　　　E. $t_0 = -80℃$

36. R13 又称为三氟一氯甲烷，主要有（　　）等特点。

A. $t_0 = -81.5℃$　　　B. 不燃烧、不爆炸　　　C. 可微溶于水

D. 对大气臭氧层破坏性强　E. 不能与冷冻润滑油相溶

37. 复叠式制冷系统低温级制冷剂一般可选用（　　）。

A. R503　　　　　　　　B. R12　　　　　　　　C. R13

D. R14　　　　　　　　E. R115

38. 以 R22 为制冷剂的复叠式制冷系统高温侧的工作参数有（　　）。

A. $t_0 = -30℃$　　　　B. $t_k = 30℃$　　　　C. $t_x = 15℃$

D. $t_g = 30℃$　　　　E. $\Delta t = 15℃$

39. 复叠式制冷系统的制冷剂组合有（　　）等方式。

A. R22 单级/R13 单级　B. R11 单级/R13 单级　C. R22 双级/R14 单级

D. R134a 双级/R13 单级　E. R22 双级/R13 单级

40. 复叠式低温箱制冷系统高温级主要的部件有制冷压缩机、冷凝器和（　　）等。

A. 蒸发冷凝器　　　　　B. 气液热交换器　　　　C. 干燥过滤器

D. 膨胀阀　　　　　　　E. 油分离器

41. 复叠式低温箱制冷系统低温级主要的部件有制冷压缩机、蒸发器、（　　）、预冷器和膨胀容器等。

A. 气液热交换器　　　　B. 蒸发冷凝器　　　　　C. 干燥过滤器

D. 油分离器　　　　　　E. 膨胀阀

42. 在复叠式制冷系统中，安装油分离器是为了分离（　　）。

A. 冷媒水　　　　　　　B. 制冷剂　　　　　　　C. 冷却水

D. 杂质　　　　　　　　E. 润滑油

43. 活塞式制冷压缩机的输气系数与（　　）有关。

A. 余隙容积　　　　　　B. 泄漏量　　　　　　　C. 气缸温度

D. 吸排气阀阻力　　　　E. 电源电压

44. 活塞式制冷压缩机顶开吸气阀片，调节输气量执行机构的控制方式有（　　）。

A. 手动控制　　　　　　B. 自动控制　　　　　　C. 气压控制

D. 电流控制　　　　　　E. 液压控制

45. 活塞式制冷压缩机的安全保护部件有（　　）。

A. 高压压力继电器　　　B. 低压压力继电器　　　C. 油压压差继电器

D. 安全阀　　　　　　　E. 视液镜

46. 单级压缩制冷循环中压缩比增大，会造成活塞式压缩机制冷系统的（　　），使其不能正常工作。

A. 气缸壁温度升高　　　　B. 排气温度升高　　　　C. 输气系数降低

D. 润滑油炭化　　　　　　E. 节流损失增大

47. 开启式制冷压缩机的轴封形式有（　　）。

A. 动圈式　　　　　　　　B. 扩压式　　　　　　　C. 弹簧式

D. 滑块式　　　　　　　　E. 波纹管式

48. 半封闭式制冷压缩机的气阀有（　　）形式。

A. O 形阀　　　　　　　　B. 蝶阀　　　　　　　　C. 盘状阀

D. 簧片阀　　　　　　　　E. 综合阀

49. 活塞式制冷压缩机的连杆大头可分为（　　）。

A. 组装式　　　　　　　　B. 剖分式　　　　　　　C. 锻造式

D. 整体式　　　　　　　　E. 浇注式

50. 活塞式制冷压缩机连杆体的截面形状有（　　）。

A. V 字形　　　　　　　　B. I 字形　　　　　　　C. 一字形

D. 圆形　　　　　　　　　E. W 形

51. 制冷压缩机根据工作原理可分为（　　）。

A. 活塞式　　　　　　　　　　　　　　　　　　　B. 回转式

C. 容积型　　　　　　　　　　　　　　　　　　　D. 速度型

52. 容积型制冷压缩机分为（　　）。

A. 离心式　　　　　　　　　　　　　　　　　　　B. 活塞式

C. 向心式　　　　　　　　　　　　　　　　　　　D. 回转式

53. 水冷式冷凝器可分为（　　）冷凝器。

A. 卧式　　　　　　　　　B. 板式　　　　　　　　C. 丝管式

D. 立式　　　　　　　　　E. 套管式

54. 空气冷却式冷凝器，可分为（　　）式冷凝器。

A. 顺流　　　　　　　　　B. 叉流　　　　　　　　C. 逆流

D. 强迫对流　　　　　　　E. 自然对流

55. 蒸发器的类型有（　　）。

A. 百叶窗式　　　　　　　B. 沉浸式　　　　　　　C. 套管式

D. 壳管式　　　　　　　　E. 风冷式

56. 冷却水的蒸发器，通常分为（　　）。

A. 蒸发式　　　　　　　　B. 干式　　　　　　　　C. 满液式

D. 沉浸式　　　　　　　　E. 水箱式

57. 冷却空气的蒸发器可分为（　　）。

A. 墙排管式　　　　　　　B. 水冷式　　　　　　　C. 风冷式

D. 壳管式　　　　　　　　E. 套管式

58. 热力膨胀阀有（　　）形式。

A. 内平衡式　　　　　　　　　　　　B. 外平衡式

C. 手动式　　　　　　　　　　　　　D. 浮球式

59. 目前采用的润滑油泵主要有（　　）。

A. 整体式　　　　　B. 活塞式　　　　　C. 定子式

D. 内齿轮式　　　　E. 转子式

60. 回转式压缩机分为滑片式、涡旋式和（　　）。

A. 离心式　　　　　　　　　　　　　B. 滚动转子式

C. 单螺杆式　　　　　　　　　　　　D. 双螺杆式

61. 活塞式制冷压缩机的运行性能有（　　）。

A. 容积效率　　　　　　　　　　　　B. 吸气量

C. 制冷量　　　　　　　　　　　　　D. 消耗功率

62. 与活塞式制冷压缩机相比，涡旋式的优点是（　　）。

A. 体积小　　　　　　　　　　　　　B. 易损部件多

C. 运行平稳　　　　　　　　　　　　D. 噪声低

63. 节流机构可分为（　　）。

A. 毛细管　　　　　B. 膨胀阀　　　　　C. U 形管

D. 浮球阀　　　　　E. 蝶阀

64. 自动氟油分离器的结构主要由筒体、进气管、排气管和（　　）组成。

A. 截止阀　　　　　B. 过滤网　　　　　C. 电磁阀

D. 浮球阀　　　　　E. 手动回油阀

65. 储液器的作用是（　　）。

A. 保证蒸发面积　　B. 保证冷凝面积　　C. 平衡高压压力

D. 降低吸气压力　　E. 存储过多部分制冷剂

66. 能重复使用的干燥剂有（　　）。

A. 硅胶　　　　　　B. 碳酸钙　　　　　C. 氯化镁

D. 分子筛　　　　　E. 氯化钙

67. 制冷系统中阀门较多，其中不可缺少的阀门是（　　）。

A. 低压截止阀　　　B. 高压截止阀　　　C. 供液阀

D. 单向阀　　　　　E. 蝶阀

68. 常用管道的连接方法有（　　）。

A. 焊接　　　　　　B. 螺纹连接　　　　C. 对接

D. 黏结　　　　　　E. 法兰连接

69. 隔热材料应具备（　　）。

A. 吸水性差　　　　B. 导热系数大　　　C. 导热系数小

D. 密度小　　　　　E. 吸水性好

70. 制冷工程常用的隔热材料有（　　）。

A. 聚苯乙烯泡沫塑料　B. 膨胀珍珠岩　　C. 软木板

D. 麻绳　　　　　　E. 铝皮

71. 属于高压手动复位的高低压力控制器的型号有（   ）。

A. JC3.5　　　　　　　B. YK-306　　　　　　　C. KD155-S

D. KD255-S　　　　　　E. YWK-22

72. 小型制冷设备上使用的温度控制器种类有（   ）。

A. 电接点式　　　　　　B. 压力式　　　　　　　C. 膜片式

D. 直接动作式　　　　　E. 间接动作式

73. JC3.5油压差控制器的额定工作电压是（   ）。

A. AC 36V　　　　　　B. DC 110V　　　　　　C. AC 380V

D. DC 220V　　　　　　E. AC 220V

74. 表示水泵扬程的压力单位，通常采用（   ）。

A. kPa　　　　　　　　B. mmH_2O　　　　　　C. mmHg

D. mH_2O　　　　　　E. kgf/cm^2

75. 制冷装置水系统阀门的驱动方式，主要采用（   ）。

A. 电动　　　　　　　　B. 液动　　　　　　　　C. 气动

D. 手动　　　　　　　　E. 机动

76. 冷却水泵前后应安装（   ）。

A. 减振软连接　　　　　　　　　　　　B. 压力表

C. 闸阀　　　　　　　　　　　　　　　D. 进口过滤器、出口止回阀

E. 电压表

77. 用指针式万用表测量交流电压，表针无指示的原因有（   ）。

A. 表笔断线　　　　　　B. 表头活动线圈断路　　C. 转换开关未接通

D. 整流二极管损坏　　　E. 电池电压过低

78. 绝缘电阻表机壳漏电的原因有（   ）。

A. 电刷磨损　　　　　　B. 轴承脏　　　　　　　C. 发电机弹簧引线碰外壳

D. 内部接线碰外壳　　　E. 仪表受潮后绝缘不良

79. 电子卤素检漏仪接通电源，但无任何动作时，应先检查（   ）。

A. 电源线　　　　　　　B. 熔丝　　　　　　　　C. 过滤器

D. 传感器　　　　　　　E. 扬声器

80. 检查小型制冷压缩机的电气性能，常用的仪表是（   ）。

A. 万用表　　　　　　　B. 绝缘电阻表　　　　　C. 温度表

D. 电流表　　　　　　　E. 真空表

81. 常用的指针式万用表，表头上有几条刻度线，分别用来指示（   ）等。

A. 频率值　　　　　　　B. 相位值　　　　　　　C. 电流值

D. 电压值　　　　　　　E. 电阻值

82. 常用的指针式万用表，一般用来测量（   ）等多种电量。

A. 电阻　　　　　　　　B. 直流电压　　　　　　C. 直流电流

D. 交流电压　　　　　　E. 功率因数

83. 数字万用表具有（   ）等特点。

A. 可测量功率　　　　B. 较高的测量精度　　　C. 性能稳定

D. 较高的灵敏度　　　E. 过载能力强

84. 常用的温度计种类有（　　）。

A. 膨胀式温度计　　　B. 压力式温度计　　　C. 热电偶式温度计

D. 电阻式温度计　　　E. 电容式温度计

85. 旋片式真空泵的主要组成部分有（　　）等。

A. 泵体　　　　　　　B. 偏心转子　　　　　C. 旋片和弹簧

D. 进气口和排气口　　E. 定片、弹簧和杠杆

86. 旋片式真空泵使用环境应是（　　）的地方。

A. 通风　　　　　　　B. 干燥　　　　　　　C. 清洁

D. 平坦　　　　　　　E. 潮湿

87. 开式冷却水系统的水质处理的方法有（　　）。

A. 排污法　　　　　　B. 磷化法　　　　　　C. 化学法

D. 补水法　　　　　　E. 碱化法

88. 制冷系统清洗设备，主要组成部分有（　　）。

A. 薄膜泵　　　　　　B. 过滤器　　　　　　C. 干燥器

D. 各种阀门　　　　　E. 真空泵

89. 属于检修活塞式制冷压缩机的量具及仪表的是（　　）。

A. 塞尺　　　　　　　B. 千分表　　　　　　C. 游标卡尺

D. 扭力扳手　　　　　E. 钳形电流表

90. 清除氨用壳管式蒸发器管壁内表面积垢的方法有（　　）。

A. 吹污法　　　　　　B. 机械法　　　　　　C. 化学法

D. 酸洗法　　　　　　E. 手工法

三、判断题

1. R22 制冷系统的活塞式制冷压缩机选用 25 号冷冻润滑油。　　　　　　（　　）

2. R22 制冷剂在常压下的沸腾温度是-33.4℃。　　　　　　　　　　　　（　　）

3. R502 制冷剂在常压下的沸腾温度是-40.8℃。　　　　　　　　　　　（　　）

4. R502 的溶水性比 R12 小，因此更易产生冰堵。　　　　　　　　　　（　　）

5. R718 是一种最不容易获取的物质。　　　　　　　　　　　　　　　　（　　）

6. R718 是一种无毒、不会燃烧、不会爆炸的制冷剂。　　　　　　　　　（　　）

7. R718 可在工作温度大于 0℃的场合作为载冷剂。　　　　　　　　　　（　　）

8. R134a 制冷剂在常压下的沸腾温度是-29.8℃。　　　　　　　　　　（　　）

9. R134a 制冷剂在常压下的沸腾温度是-26.5℃。　　　　　　　　　　（　　）

10. 盐水作为载冷剂应使其结晶温度低于制冷剂的蒸发温度 6~8℃。　　　（　　）

11. 通常要求载冷剂的热容量要小，以储存更多的能量。　　　　　　　　（　　）

12. 制冷压缩机铭牌上的产冷量就是该机的实际产冷量。　　　　　　　　（　　）

13. 制冷压缩机产冷量计算的依据是已知实际输气量及单位容积制冷量。　（　　）

14. 活塞式制冷压缩机的结构参数有缸径 D、行程 S、转速 n 及缸数 Z。　　　（　　）

15. 制冷压缩机的输气系数永远是小于 1 的。　　　（　　）

16. 实际制冷量等于制冷压缩机理论输气量与单位容积制冷量的乘积。　　　（　　）

17. 制冷压缩机所消耗的单位理论功与循环的单位理论功相等。　　　（　　）

18. 制冷剂的等熵指数越大，压缩时的压缩机的功耗越小。　　　（　　）

19. 制冷压缩机在标准情况下，其冷凝温度为 30℃。　　　（　　）

20. 冷凝器借助于冷却介质来实现制冷剂放热过程。　　　（　　）

21. 冷凝器的放热量等于制冷剂循环量与单位重量制冷量乘积。　　　（　　）

22. 强迫风冷式冷凝器的平均传热温差是 10~15℃。　　　（　　）

23. 冷凝器冷却水量与冷凝器热负荷成反比。　　　（　　）

24. 冷凝器传热面积 F 计算的依据是 Q_k、K、Δt。　　　（　　）

25. 冷凝器冷却水流量与冷凝器热负荷成反比。　　　（　　）

26. 卧式壳管式冷凝器的冷却水应是上进下出。　　　（　　）

27. 卧式壳管式冷凝器的制冷剂和冷却水系统都是上进下出的流向。　　　（　　）

28. 卧式壳管式冷凝器的冷却水的进出口温差一般控制在 4~6℃ 范围。　　　（　　）

29. 冷凝器冷却水的水压应满足 0.12MPa 以上，水温不能太高。　　　（　　）

30. 在制冷系统中，蒸发器内绝大部分是湿蒸气区。　　　（　　）

31. 冷却空气的蒸发器利用制冷剂在管道内直接蒸发来冷却空气。　　　（　　）

32. 干式蒸发器的缺点就是无法解决回油问题。　　　（　　）

33. 墙排管式蒸发器的传热温差一般控制在 7~10℃。　　　（　　）

34. 蒸发器传热受到水垢、油污及锈蚀层的影响，霜层厚度不影响传热。　　　（　　）

35. 膨胀阀与毛细管在控制制冷剂流量时，都能够根据需求自动调节。　　　（　　）

36. 膨胀阀感温包内充注的是制冷剂蒸气。　　　（　　）

37. 膨胀阀感温包内制冷剂泄漏，阀口处于打开状态。　　　（　　）

38. 膨胀阀安装在储液器与蒸发器之间。　　　（　　）

39. 一般情况下膨胀阀的选配，主要考虑能量与蒸发器热负荷相匹配。　　　（　　）

40. 修理表阀可以通过对系统内压力的测定，调整制冷系统工作状态。　　　（　　）

41. 氟利昂气体在高温下分解出有极大毒性和刺激性的有毒产物。　　　（　　）

42. 在故障分析过程中，最大限度地说明排除故障隐患的方法。　　　（　　）

43. 检修报告的主要内容有基本情况、故障分析、维修效果和维修费用。　　　（　　）

44. 氟利昂制冷压缩机的回气管应坡向蒸发器以防止液击。　　　（　　）

45. 氨与氟利昂制冷压缩机的排气管应坡向冷凝器以防止倒流。　　　（　　）

46. 氨与氟利昂制冷压缩机的回气管都应坡向蒸发器，且坡度为 0.1%。　　　（　　）

47. 油污及水垢将造成冷凝器冷凝水压力升高。　　　（　　）

48. 蒸发器内积存过量的制冷剂液体，将引起制冷压缩湿冲程。　　　（　　）

49. 氨制冷压缩机的标准工况为：冷凝温度 30℃、过冷温度 25℃、蒸发温度−15℃、过热温度−10℃。　　　（　　）

50. 装配图是表达构成机器或部件的所有零件之间的装配和连接关系的图样。　　　（　　）

理论知识试题库答案

一、单项选择题

1. A	2. C	3. A	4. A	5. C	6. A	7. A	8. C	9. D
10. D	11. B	12. D	13. B	14. A	15. C	16. C	17. D	18. B
19. D	20. A	21. A	22. A	23. D	24. A	25. A	26. D	27. C
28. A	29. D	30. D	31. A	32. A	33. B	34. B	35. C	36. A
37. A	38. B	39. C	40. A	41. C	42. A	43. B	44. B	45. B
46. B	47. C	48. C	49. C	50. B	51. A	52. B	53. C	54. A
55. B	56. B	57. C	58. D	59. A	60. C	61. A	62. A	63. A
64. D	65. A	66. A	67. B	68. D	69. B	70. C	71. C	72. C
73. A	74. C	75. D	76. C	77. A	78. B	79. C	80. D	81. B
82. B	83. C	84. A	85. C	86. C	87. A	88. A	89. B	90. C

二、多项选择题

1. ADE	2. ABCD	3. ABCD	4. AB	5. ABC	6. AC
7. DE	8. CDE	9. AB	10. BE	11. ACE	12. ACE
13. BCDE	14. DE	15. ABCDE	16. ABDE	17. BCDE	18. BE
19. BD	20. ABCD	21. ADE	22. ABDE	23. ACD	24. ABDE
25. ADE	26. ABDE	27. ABCD	28. BCD	29. AD	30. BCD
31. ADE	32. CD	33. BD	34. BC	35. BCDE	36. ABCDE
37. ACD	38. ABCD	39. ACDE	40. ACDE	41. ABCDE	42. BE
43. ABCD	44. AB	45. ABCD	46. ABCDE	47. CE	48. CD
49. BD	50. BD	51. CD	52. BD	53. ADE	54. DE
55. BDE	56. BCD	57. ACD	58. AB	59. DE	60. BCD
61. ABCD	62. ACD	63. ABCD	64. BDE	65. BE	66. AD
67. ABC	68. ABE	69. ACD	70. ABC	71. CD	72. AB
73. CD	74. ADE	75. ACD	76. ABCD	77. ABCD	78. CDE
79. AB	80. ABD	81. CDE	82. ABCD	83. BCDE	84. ABCD
85. ABCD	86. ABCD	87. AC	88. ABCD	89. ABCE	90. BCDE

三、判断题

1. √　　2. ×　　3. ×　　4. ×　　5. ×　　6. √　　7. √　　8. ×　　9. √

10. √　　11. ×　　12. ×　　13. √　　14. √　　15. √　　16. ×　　17. √　　18. ×

19. √　　20. √　　21. ×　　22. √　　23. ×　　24. √　　25. ×　　26. ×　　27. √

28. √　　29. √　　30. √　　31. √　　32. ×　　33. √　　34. ×　　35. ×　　36. ×

37. ×　　38. √　　39. √　　40. √　　41. √　　42. √　　43. √　　44. √　　45. ×

46. √　　47. √　　48. √　　49. √　　50. √

参 考 文 献

［1］李援瑛. 小型冷库安装与维修 1000 个怎么办 ［M］. 北京：中国电力出版社，2016.
［2］李援瑛. 小型冷藏库结构、安装与维修技术 ［M］. 北京：机械工业出版社，2013.
［3］陈振选. 空调与制冷系统问答 ［M］. 北京：化学工业出版社，2013.
［4］张华俊. 制冷机辅助设备 ［M］. 武汉：华中科技大学出版社，2012.
［5］高增权. 制冷与空调维修工问答 390 例 ［M］. 上海：上海科学技术出版社，2009.
［6］张新德. 快学快修冷库实用技能问答 ［M］. 北京：中国农业出版社，2007.